U0157735

翻盘

杨大宝——著

北京联合出版公司
Beijing United Publishing Co.,Ltd.

图书在版编目（CIP）数据

翻盘 / 杨大宝著 . —— 北京：北京联合出版公司，
2023.9（2023.12 重印）
　ISBN 978-7-5596-7195-0

　Ⅰ.①翻… Ⅱ.①杨… Ⅲ.①财务管理－通俗读物
Ⅳ.①TS976.15-49

中国国家版本馆 CIP 数据核字 (2023) 第 156319 号

翻盘

作　　者：杨大宝
出 品 人：赵红仕
责任编辑：徐　樟
图书策划；蔺亚丁
产品经理：唐鲁利
封面设计：仙　境
版式设计：姜　楠

北京联合出版公司出版
（北京市西城区德外大街 83 号楼 9 层　100088）
北京时代华语国际传媒股份有限公司发行
唐山富达印务有限公司印刷　新华书店经销
字数 112 千字　880 毫米 ×1230 毫米　1/ 32　6.5 印张
2023 年 9 月第 1 版　2023 年 12 月第 3 次印刷
ISBN 978-7-5596-7195-0
定价：55.00 元

前　言

　　我写这本书的动机很简单，就是希望正在读这本书的你，能够打开视野，以游戏玩家的视角思考财富积累这件事。有句话说："你永远赚不到自己认知之外的钱。"显然，要想获得财富，首先你应该把自己修炼成一个阅历丰富的人。还有一句话："凭运气赚到的钱，往往会凭实力输光。"这意味着，当你能够驾驭财富，而不是被金钱操控时，你才算真正富有。我希望你获得财富，更希望你能真正掌控财富。

　　对于一个普通人来说，很难避免思考"钱"这个问题。毕竟在这个日益复杂的社会，每个人都想获得更多安全感。我们一面喜欢"钱"带来的安全感，一面讨厌"钱"所隐喻的压力，这就形成了一种很矛盾的心态。想有钱，又不想花时间钻研赚钱的方法，这就是普通人所处的状态。

　　普通人可能会觉得，积累财富是富豪的游戏。富豪们在豪华游艇上或在五星级酒店里觥筹交错，谈论着数亿元的投资，这些和普通人有什么关系呢！然而，财富门槛其实并没有那么高，只要愿意，每个人都有可能一步跨入。

一直以来，有些问题始终困扰着我，那就是：为什么普通人总是勤劳却不富有？这个社会的财富究竟遵循什么样的分配规律？究竟什么样的人更能在财富游戏中脱颖而出？我们如何能赚到更多的钱？

说实话，这些问题可能没有标准答案。就像打牌一样，每个人起手抓到的牌是不一样的。资源和条件、运气和机遇，这些都会因人而异。不过，我们可以换一种视角来寻找答案：有的人无论抓到什么牌，赢的概率都很大，因为他掌握了游戏的底层逻辑。同样，财富游戏也存在底层逻辑。

对于我父母那一辈人的人生，我曾深刻地进行过复盘。他们经历了中国社会的巨变，从农村走向城市，靠小生意支撑起自己的家庭。一方面，他们很幸运地踩准了时代的某些节拍；另一方面，由于认知不足，他们与更多的机会擦肩而过。最终，我惊奇地发现，如果把时间线拉长，那么他们最终的收获正好与他们的认知水平相匹配。

在过去的十年中，我在三个国家读了三个专业，做的是跨学科的课题研究，涉及的学科知识包括工科、经济学、金融学、系统科学和政策分析等。在求学过程中，我经历了跨学科思维的兴起，也见识了世界贸易格局的逐渐保守化。看得越多，我越能感受到自己的能力范围之小。不过，与此同时，我也隐约意识到，在这个社会中想做到衣食无忧，其实不难办到。社会发展和财富创造都有规律可循，只要熟知这些规律，还是很容易步入小康生活的。

现在，我经营着一家互联网科技公司，带领团队在复杂的商业世界中探索未知。说实话，我也说不好这条路可以走多远，但我很享受应对各种挑战的感觉，因为正是在这个过程中，我的个体认知完成了一次次突破。对于创业这条财富之路而言，没有任何缓冲区，如果你无法持续更新自己对世界的认知，那必然是死路一条。

其实，撰写这本书，我也持有一种"创业"的态度：行走在自己认知的前沿，不断寻找自我成长的机会。在我看来，在认知层面，以下三大能力的突破能大幅提升我们在财富游戏中获胜的概率：

信息力：快速学习，处理庞杂的信息。

模型力：让经验系统化、可迁移化。

心智力：对抗外界各种噪声、干扰。

本书的核心可以归结为一个简洁的公式：财富认知力 = 信息力 × 模型力 × 心智力。

看这本书的你，也许刚刚十八岁，还在享受校园生活，对于赚钱或承担经济责任还没有强烈的动机；也许你二十多岁，刚进入职场，面对复杂的社会有点儿手足无措；也许你已经超过三十岁，有了不少人生经验，并承担着家庭的责任……无论什么年纪，我都希望你能更系统地认知财富积累这件事。看完这本书，我希望你能意识到：

· 财富本质上是一种奖励机制，而不是人生的主宰者。

· 做对事情，社会就会用财富奖励你。因此，你需要不断校正人生的重心。

· 要不停突破认知的边界。底层规律是最好的财富支点。

目 录
contents

第一章　这个世界的财富游戏真相

1.1　贫富差距为什么会存在？　　003

1.2　如何成为更强大的游戏玩家？　　008

1.3　如何提高财富游戏的胜算？　　012

第二章　抓住信息差，把握时代红利

2.1　快速掌握不对称信息，通过信息差赚钱　　020

2.2　能整合碎片化信息的人，才能做财富流量池的赢家　　028

2.3　让大脑先富起来，人才能实现财富自由　　034

第三章　想要致富，你的学习速度必须比发展速度快

3.1　比知识更重要的，是知识背后的逻辑关系　041

3.2　提高正确决策的概率，占据财富游戏的先机　046

3.3　解决新问题，就是在创造财富　051

第四章　擅长总结规律，能帮你少走很多弯路

4.1　超越直觉：你以为的只是你以为的　055

4.2　怎样判定复杂环境中的机遇是否有效？　060

4.3　拆解复杂利益关系，看清利益本质　062

4.4　学会扬长避短，有时候合作比竞争更有利　068

第五章　训练思考和分析能力，助你成为财富游戏的赢家

5.1　一定要在思路清晰时做决定　074

5.2　每一个决策，都要经历深层次的复杂思考才行　079

5.3　1+1>2，化零为整，万物皆可系统化　091

第六章　闭环，商业大佬都在找的答案

6.1　财富真相：收入呈指数增长　099

6.2　重视别人的消极意见，你才能发现市场真相　106

6.3　转变思维找准方向，方向比努力更重要　113

第七章　掌控人性的高手，在财富博弈中获胜

7.1　你的弱点，早晚会成为别人狙击的目标　120

7.2　洞悉人类的弱点，才能明白机会所在　129

7.3　人性弱点无法消除，但可以用富人思维驾驭　137

第八章　能否把握人的情绪，决定了你赚钱的能力

8.1　善于刺激他人多巴胺分泌的人，一定有很强的领导力　142

8.2　情商高，不只是说话让人舒服　149

8.3　厉害的人对别人狠，对自己更狠　153

第九章　一个人走得很快，一群人能走很远

9.1　拓展人脉圈，只需要提供两种价值　160

9.2　掌握这三个原则，玩转人际关系　172

第十章　享受认知游戏的胜利成果

10.1　用打游戏的心态创造财富，你收获的将不只是财富　182

10.2　时代瞬息万变，我们为什么还要深耕一个行业？　190

10.3　我们该如何与平凡的生活对弈？　196

第一章

这个世界的财富游戏真相

世界变得越来越复杂。从宏观层面看，互联网、人工智能、生物基因技术等正不断刷新大家对未来的看法；从微观层面看，房价、物价、职业规划等的不确定性越来越高，每个人可以完全掌控的事情越来越少。针对这种情况，普通人怎样才能让自己过得更好一点儿呢？

从记事起，有一个问题始终困扰着我：这个世界为什么分穷人和富人？这种差别到底源于何处？我曾经以为日本是一个没有穷人的国度，因为日本号称其90%的家庭属于中产阶层。然而，去日本留学后，我才发现真相并非如此。每当我深夜出入便利店，或在凌晨去麦当劳，经常能看到很多衣衫褴褛、无家可归的人。日本的贫困人口其实远超人们的想象。

1.1 贫富差距为什么会存在?

有一天,在金融经济学的课堂上,大家在讨论"经济危机爆发原因"时,我的脑海再次浮现贫富差距这个问题,并有了全新的感悟。

教授讲到,金融危机爆发的根本原因在于:资本回报率大于劳动回报率,从而导致拥有资本的富人越来越富。由于大部分财富集中在富人手中,为了让资本持续增值,他们不得不借助各种金融衍生品。于是,泡沫越来越大,最终导致危机爆发。

据 2017 年 11 月的《华尔街日报》公布的数据,杰夫·贝佐斯、比尔·盖茨和沃伦·巴菲特的财富加起来,相当于 50% 低收入美国人的财富总和。其实,这种状况不仅出现在美国,全球各地都是如此。在世界上绝大多数城市,50% 低收入群体的财富总和,大概率比不过 1% 富人的。

财富分配的真相

人们的智商呈现正态分布,也就是说,大多数人的智商都相差不大,绝大多数人都是智商正常的普通人。

然而，财富却呈现极端的幂律分布：越有钱的人，越容易赚到钱，因为资本的回报率快于劳动的回报率。这就是老子所说的："天之道，损有余而补不足；人之道则不然，损不足而奉有余。"幂律分布告诉人们："平均值"是最大的骗局。

因此，贫富差距注定存在吗？显然，如果没有外力的干预，没有制度的约束，没有社会的改革，财富会越来越集中，从而导致贫富差距增大。那么，作为普通人，我们要如何积累自己的财富呢？答案很简单，那就是普通人必须掌握更多的资本。

究竟什么算资本呢？它其实包括学历、身份、房产、生产资料、股票和其他各种金融资产等。我们首先要做的，就是盘点一下自己拥有哪些资源，然后把这些资源变成能产生收益的资本。

如何高效增加自己的资本？

当我把撰写本书的想法告诉朋友时，他激动地回复道："大部分人还是觉得，财富积累是富人的游戏，这个词距离普通人太遥远了。"财富积累确实存在基本门槛，不过也别被它吓唬住了。所谓的财富积累，在最开始时主要靠运气。知道这一点后，我们在开启自己的财富积累之旅时，就不会胆怯了。懂得如何一点儿点儿地放大运气和正面反馈，熟稔游戏技巧，我们就能积累起足够的初始资本。

20世纪，布鲁金斯学会的两位学者曾做过一个著名的模拟实验，想通过电脑模拟的方式，重现财富的分配。他们创造了一个非常简单的原始世界，在这个世界里，只有一个巨大的荒岛。荒岛存在方位和地形变化，并且只有一种资源——糖。这里的糖可以像庄稼一样收割，而且每隔一段时间就会长出新的来。

岛上的虚拟人只做一件事情：找糖，吃糖，维持生存，就像最初的人类。如果找到的糖比吃掉的糖多，那么虚拟人在存糖账户上的财富就会增加，并且财富会一直储存到下一轮。反之，如果吃掉的糖比找到的糖多，账户上的财富就会变少，清零即判定饿死，移出游戏。

在这个实验里，所有虚拟人的天赋初始值均和原始人类一样，符合正态分布的特点。这些天赋包括视力、体力（与找糖的结果相关）、新陈代谢能力（与吃糖的结果相关）等。简而言之，这个实验模拟的就是人类发展最初的生存环境，这里还没有家庭背景，也不存在教育经历。

实验刚开始时，场面有点儿混乱，虚拟人四处找糖，结果一部分没找到的直接被饿死了。很快，荒岛上渐渐出现了秩序，糖多的地方聚集了很多虚拟人，并形成组织。然后，荒岛上开始出现文明的曙光。因为分工合作，很多人开始专门种糖，财富也逐渐出现了集中的趋势。研究者清晰地观察到，随着时间的推移，虚拟人的储糖量渐渐由均匀分布变成了幂律分布。随着时间的推移，贫富差距出现了！

为何会出现这种局面呢？答案是：这是随机涌现的结果。怎么理解这句话呢？其核心意思就是，在条件一样的情况下，某些人完全是因为运气好，才能在开始时积累到不少财富。

我们可以假设，A 和 B 两个人具有同样的先天初始条件和后天初始环境，也就是说，在刚开始，他们成功或失败的概率是相等的。找糖时，A 运气比较好，选择了正确的方向，一路吃糖、存糖，并在很偶然的情况下找到了糖山；B 运气没那么好，一开始就选了一条没有糖的路，很快就饿死了。显然，差别只是因为运气不同！就这么简单。如果对于运气进一步深挖，我们就会发现：早期微小的偶然事件会形成不同的反馈环，天赋初始值相同的两个人最终被引向了不同的发展轨道。

设想这样一个场景：两个孩子同去一家书店，在随机状态下，一个到达了漫画区，另外一个出现在世界名著区。然后，两个孩子因此产生了不同的阅读兴趣。显然，只是因为某个下午遇到的情况，两个人可能就养成了不同的阅读习惯，并在阅读中形成了不同的世界观。

在财富游戏中,这种逻辑也是存在的。比如,大学毕业后,A进入了一线城市的互联网科技行业,B进入了传统的化工行业,10年后两者的境遇就会存在天壤之别。A可能积累了人脉和经验,并把握住了某个市场风口,自己创业并实现了财务自由;B则可能由于行业不景气而遭遇发展瓶颈,甚至处于随时可能失业的状态。这其实就应了人们常说的那句话:"选择比努力重要。"也正像美国诗人罗伯特·弗罗斯特在《未选择的路》中所描述的那样:

一片树林里分出两条路,

而我选择了人迹更少的一条,

从此决定了我一生的道路。

人们的初始选择会塑造自身的认知,而认知又会影响他们后续的选择。因此,如果开始时运气在选择中占很大的比重,那么越往后,认知的重要性就越强。虽然认知与运气有一定的关系,但它是可以靠自身的努力提升和修正的。显然,在财富的十字路口,你可以凭借自己的认知大幅提升赢面,从而选中能形成正面反馈的那条道路。

1.2 如何成为更强大的游戏玩家?

财富积累本质上是一种概率游戏

都说创业是"九死一生"的事,甚至是"九十九死一生"。事实也确实如此,超过 50% 的初创团队都活不过三年。如果以登陆 A 股作为成功创业的标志,那么创业成功的概率不过是万分之一。

作为一个创业者,我清楚地知道,财富游戏与概率密切相关。人们常说:"高风险对应高回报。"谁能承受更高的风险,谁就更有可能获得更高的收益。不过,由于人们的认知不同,对同一件事的风险会存在不同的判断。这种认知差异,其实就蕴含了巨大的财富空间。

这就像是出海捕鱼。对于毫无经验的新手而言,能捕到多少鱼全靠运气。对于经验丰富的老渔民来说,他们出海前会根据天气和潮水方位决定去哪片海,他们熟知每种鱼群的习性和出没规律,能够相对容易地捕到大鱼,积累财富。

财富游戏的逻辑与捕鱼的逻辑很类似:我们了解宏观经济环境,就是在了解潮水的运动规律;我们熟知某市场群体的特点，就是熟知某鱼群的习性；我们掌握了编程、数据分析，就是掌握了如何使用捕鱼工具。

世上没有什么办法能保证自己一定赢，就像谁也不能保证每一次出海都会满载而归，而我们能做的，就是和概率进行博弈。每提升一点儿成功的概率，你距离财富就更近一步，而要想做到这一点，就必须在认知上下功夫。

为什么有些人辛苦一辈子却不富有？为什么有些人能轻松过上自己想要的生活？因为这两个群体的认知根本不在一个层面上。有些人想安安稳稳地过一辈子，尽可能地远离不确定性。有的人则一头扎进不确定性中，努力提升自己的认知。如果想实现财富的积累，那我劝你放弃对稳定性和安全感的追求。

你应该主动拥抱不确定性的宝藏，并努力提升认知水平，进而提升自己在财富游戏中赢的概率。与此相反，如果认知跟不上，就很容易输掉游戏。正所谓"你永远赚不到自己认知之外的钱。凭运气赚到的钱，往往会凭实力输光"。

我父亲身上就出现过这种情况。早年，他从事销售工作，赚到了一些钱。那个时候恰好是中国房地产投资的黄金年代，他却坚持认为，自己的钱是从制造业中赚到的，就应该把这些钱再投到这个行业里。于是，他跑到偏远地方投资建厂，结果不仅错过了投资房地产的最佳时机，还因为认知问题和错误的选择赔掉了辛苦赚到的钱。其实很多机会和陷阱都明明白白地摆在每个人的面前，如果你的认知跟不上，就很难看到。即便钱到了你手里，你也留不住。

那么，什么才算正确认知呢？就是能在充满不确定的环境中找到对的信息和机会，持续地做出正确的选择。

变强，是提升判断力的过程

财富积累本质上是一种概率游戏。赢得这个游戏的底层逻辑，就是拥抱不确定性，并努力提升自己的认知，增加自己的胜算。那么，如何做到这一点呢？

"千团大战"最火热的时候，美团创始人王兴每个月都会抽出3天进行闭关，这期间他不接电话也不回信息。在闭关时，通过不停推演，他悟到，在极其复杂的竞争局面中，从更高维度去分析，可以找到"降维打击"的方法。

紧要关头，人们往往会面临巨大的压力，这些压力会扭曲人们的思考空间。因此，只有你的心智足够强大，你才能扛住各种压力，给正确的决策留出必要的思考空间。那些财富高手往往拥有非常沉稳的气场，而这种气场其实来自丰富的知识体系和饱满的精神力量。一个人在变得强大的过程中，大概要经历以下阶段的修炼：

1. 对内：建立起完整的自我意识，具备独立思考的能力。
2. 对内升级：不断进行身份解构，破除各种自我限制。
3. 对外：拥有完整的知识体系及基本逻辑能力。
4. 对外升级：形成自己的学习方法和思维体系。

人们都鼓励批判性思考和深度思考。然而，只有拥有完整自我意识的人，才能独立思考。自己要什么，不要什么，只有对这些有清晰的判断，思考才有起点和终点。我很喜欢的设计师山本耀司曾说："经历过剧烈的碰撞，才知道什么是自我。"不断扩大自己的信息量，其实就是在和世界不停地碰撞。世界的丰富性和广阔性能帮你培育出完整的自我意识。

就像建造一栋楼，人们往往会用固定的东西来构建自己的意识。然而，固定的东西虽然可以防止外部入侵，但也会妨碍自我突破，导致自我设限。因此，要想做出完美决策，自我解构是必要的。原理其实很简单：不要让各种身份因素束缚你的思考。就拿我自己来说，很多人给我的评价是："你这么有逻辑、有理性，在女性中真是很少见。"我既不会将这类评价视为一种冒犯，也不会觉得它是赞扬。因为就我自己而言，我早已经解构了"性别"：性别只是一个符号属性而已。我的逻辑和理性，完全来自后天教育和自我训练。每个人都可以更加理性、更有判断力，这和"性别"没有关系。

如果"自我意识"和"身份解构"是一个人的底层硬件，那么"知识体系"和"逻辑能力"就属于核心软件了。知识体系足够丰富，逻辑能力才有依凭。杨绛先生曾调侃道："你的问题主要在于读书不多而想得太多。"当然，足够的信息量只是第一步，接下来你还必须形成自己的学习方法和思维体系。阿里巴巴的曾鸣曾说自己卓越的判断力主要得益于两点：一是长期严谨的学术训练，二是阿里巴巴的平台提供的信息量。所谓长期严谨的学术训练，就是学习方法和思维体系的训练。

1.3　如何提高财富游戏的胜算？

信息力：迈过无知的门槛

1992 年，深圳证券交易所刚成立不久，只要凭借身份证摇号，普通人就能够获得一张新股认购证。这种认购证转手就可以获得一笔不菲的利差，差不多相当于普通工人一年多的工资。当时大部分国人还不知道股票是什么，而消息灵通的人却行动迅速，去农村收集了大量身份证信息，获得了巨额收益。

在很多情况下，信息本身就意味着机会和财富。举一个发生在我身上的真实案例。很多人想出国留学时，都会花巨资找中介做留学申请。然而，我仅凭一次语言考试和一张打折机票，就开启了人生全新的旅程。那我是怎么操作的呢？其实就是自己去网络上收集世界各地的学校资料和信息，写邮件联系导师，提交所需材料。用一句话概括，就是搜集、整理、筛选信息，以及决策、联络和申请。这些全部是我自己搞定的。抵达日本后，我发现，有人竟然花了十几万元找中介帮助。当时我暗自窃喜，瞬间觉得赚了十几万。后来在日本，我认识了一个中国留学生，他边读书边在互联网上做自己的创业项目，这笔副业收入甚至超过了某些人的全职工资。他做的事情特别简单，就是利用市场的信息不对称，把中国市场的信息倒腾到日本去，通过信息差赚钱。跟他相比，我似乎还是嫩了点儿。

在同样的环境中面对同样的问题，为什么某些人能逢山开路、遇水架桥，快速找到解决问题的捷径，而有的人则一筹莫展呢？到底是什么阻碍了人们获取优质信息，从而没办法获得信息红利呢？我总结出了三点障碍。

第一，大多数人缺乏信息意识。他们看不到或者把握不住信息中存在的价值。

第二，很多人还缺少搜集信息的能力。你可能会觉得搜索能力无关紧要，会用搜索引擎就好了。然而，实际上，这可是一个至关重要的技术活儿。你必须能从各个渠道抽丝剥茧，不断打开别人打不开的信息死角。

第三，受限于落后的知识体系，很多人不具备强大的信息筛选能力。留学申请这种事情，主要就是会用工具、肯下功夫就行，并不需要拥有多么深厚的知识体系。但是，当面对更复杂的决策，比如投资或商业决策时，我们的知识体系就至关重要了。不然，你的思维很容易在巨大的信息流中"窒息"。

当然，让专业的人处理专业的事情，也不失为一种好办法。我有一个搞投资的老板朋友，虽然年纪挺大且只有中学学历，但这些并不影响他成为一个很厉害的人。这位老板用百万高薪聘请了 20 多位行业精英。这些精英本质上就是信息筛选器，他们每天的任务就是做 PPT，向老板做汇报。尽管这位老板本身学历一般，但他拥有一套先进的信息筛选策略。

模型力：强大思维的来源

什么是模型呢？模型就是从大量的信息和杂音中提炼出来的简练规律。好的模型最强大的地方就在于能够击穿重重表象，直击本质。

想必大家都知道牛顿第二定律和万有引力。牛顿第二定律公式"$F=ma$"就是一个非常简洁有力的模型，它描述的是质量和加速度与物体所受的合外力之间的关系。"$F=GMm/r^2$"则用来表示万有引力，可以理解为以更精细的逻辑关系升级了牛顿第二定律。它们都是描述"力"这个概念的模型，并通过非常简洁的方式，让我们快速把握了物体之间的相互关系。

经济学中，货币政策与 CPI 的关系也是一种模型。我们可以看到，CPI 上涨过快时，国家的货币政策大概率会收紧。虽然这种模型未必百分百精准，但在我们观察和解读世界的时候，这种模型就相当于思想的脚手架。有了它们的辅助，我们的决策就不再纯凭运气了。模型意味着一种秩序，它能大幅度地降低人们认知中的不确定性。

有一个经管专业的毕业生，在 2020 年上半年将北京的房子卖了，随后在三线城市买了一套房，又将剩余的钱都投入了股市。他给出的理由是，某专家说"股市大有机会"。原来，他花6000多元进了一个群，购买了某专家的课程。这个专家在课程中从宏观到微观，从政策面到资金面，从技术流到基本面，说得头头是道。于是，这个毕业生想赌一把，赢了的话，从此就彻底财务自由了。可惜最后赌输了，他在股市里亏得一塌糊涂。如果有相关的收益率模型做参考，他当初可能就不会那么冲动了。

心智力：直面人性的深渊

说一句毫不夸张的话，我此生走过最远的路，不是跨过太平洋或大西洋，而是穿越人性丛林的羊肠小路，这条路仿佛没有尽头。

在这个世界上，每个人都难免要和各种人打交道。如果你能够驾驭好自己，有正确的价值观，那么你未来的路就会越走越宽。在经济学中，"理性人"假设是市场行为的基石。经济学的核心主题就是：在资源有限的情况下，如何通过更明智的决策，提高自己的幸福度，并推动社会财富的增长。

然而，在创业实践中，我逐渐意识到一个问题：情绪才是影响和操控人决策系统的关键力量。接触过股市的人都知道，大部分投资者往往都是非理性的。有些机构甚至专门开发了针对散户的情绪波动的投资策略，以此获利。

因此，人在做决策的时候，最大的挑战就是如何驾驭自己人性中的非理性。这里我用的是驾驭，而不是克服。我觉得人的非理性是不需要克服的，因为它是刻在人类基因里的，想克服它太难了，几乎做不到。因此，真正的强者往往能够洞察人的非理性，并且以自己的方式去驾驭它，为己所用。

接下来我将在这本书里分九章给大家详细讲一下信息力、模型力、心智力这三个部分。

第二章

抓住信息差，把握时代红利

我在欧洲读书的时候，经济金融学的教授给我推荐了一堆阅读资料，其中就包括红遍全球的《21世纪资本论》。这本书的结论非常简单：富人越来越富的原因就是他们拥有资本，而资本的收益率要高于劳动。简单地说，就是钱生钱的速度，要远快于劳动生钱的速度。

显然，想积累财富，第一步就是拥有资本。那么，对于没有门路的普通人来说，我们如何获得初始资本呢？事实上，除了房产、股票之类的资本，每个人都能很容易地获得一种很珍贵的资本，那就是信息。

2.1 快速掌握不对称信息，通过信息差赚钱

富人的资本包括人脉、经验与财富。他们知道利用什么

手段来获得自己想要的资源，有学习和充电的门路，有用于试错的启动资金。因此，即使变成了穷光蛋，他们也不害怕。因为无论是高瞻远瞩的眼界、良好的心态，还是方法储备，他们早就用钱训练出来了。当然，有一点例外，那就是出身。这一点，无论一个人的决策力有多强，他都没法儿选择。大部分人的家庭条件注定很一般，因此人们必须从零开始玩积累财富这个游戏。

那么，普通人是否就没有机会了呢？当然不是，教育和学习就是我们的机会。在这里需要区分一下，接受教育未必等于学习，学习未必要去学校，它可以发生在任何场合；在学校接受教育的人，也未必在学习，他们可能只是想获得文凭。

文凭是什么呢？它是具有一定硬通货性质的资本。文凭可以向大众证明：获得文凭的这个人具有不错的智力水平，因为他通过了竞争性的选拔考试；他还有足够多的常识以及解决问题的基础技能；他可能还有一定的毅力、专注力以及执行能力，因为他完成了大大小小无数场考试，并坚持到了最后。显然，文凭是分配社会资源的初始门票，对于刚进社会的年轻人而言，不同的文凭对应着不同的初始赛道。

然而，文凭这种资本的作用也就到此为止了。那么，对于赤手空拳的普通人来说，还有什么资本可以倚仗呢？有的，那就是信息！利用信息差赚钱，仍然存在巨大的空间。互联网的大规模普及，给普通人提供了很多弯道超车的机会。

我人生的第一次转折点出现在中考时期。当时，我有幸获得了省重点中学的考试考纲。我把考纲翻了个遍，最终成功通过了相关考试，进入了重点班。说实话，我的智力水平不算很高，几乎没有考过班级第一。我所获得的机会之所以比别人稍微多一些，可能就是因为我比别人多了一本考纲或多翻了一个网页。这就是"信息差"。

信息意味着更多的资源和更高的生存概率，这一点其实很符合自然进化的逻辑。蚂蚁通过信息素构建起了庞大的食物运输系统，这种机制给了我很大的启发。一只蚂蚁在搬运食物的路上会释放信息素。第二只蚂蚁闻到后就会沿着第一只蚂蚁的路径找到食物，并在搬运食物的时候继续播撒信息素。这种方式保证了蚂蚁们能够准确地找到散落在各地的食物。弄清楚蚁群寻找最短路径的原理后，科学家以工程化的方法将其应用到了其他问题上。比如，计算机科学家马可·多里戈（Marco Dorigo）开发出了一套蚁群优化算法（Ant Colony Optimization），以此解决各类工程实践中的优化问题。

从本质上讲，人类和蚂蚁差不多。我们都在为了优质生活而奋斗，而且那些成功者总会留下各种痕迹。现在这些痕迹散布在互联网上，只要愿意花时间，你肯定能获得大量有用的东西。比如，留学之前，我就通过社交媒体详细地了解了国外的住房信息；在求职时，我搜集了大量的求职攻略……

信息可兑换成财富

事实上，信息是很容易兑换成财富的。我身边就有很多这样的例子。H先生早年和我一样求学海外，他调侃那段时间是"插洋队"。他所在的那所学校位于新西兰一个风景优美却人迹罕至的小岛上。

求学时，H先生的经济条件很一般。不过他发现，小岛上的人对娱乐有巨大的需求，相关产品却少得可怜。当年互联网还不发达，人们普遍通过DVD观看电影，几乎家家户户都有DVD播放机，可碟片却相当紧缺。

H先生于是低价买入一辆二手车，开着车到处搜集碟片。在中国留学生的帮助下，他获取了不少碟片资源。然后，H先生开了一家出租碟片的店铺。虽然因为当地人口稀少，店铺的生意谈不上火爆，但解决了他的生存问题，并让他攒下了一笔可以继续创业的资金。

H先生预测，碟片出租的生意长久不了，因为这个模式很容易被其他人模仿且严重受制于片源。于是，他把店铺转给另一个中国人，自己做起二手车买卖。后来，在二手车顾客身上，他又发现了海外邮寄的需求。中国人常常从新西兰邮寄东西回家，每次从中国回新西兰，又会把箱子塞满，托运一大堆物品回来。后来，H先生干脆做起了代购，在新西兰和中国来回贩卖东西。

随着物流越来越发达，H先生的外贸生意越做越大，并积攒下了不菲的财富。随后，他又从外贸生意中抽身，转而做起了外贸培训——基于自己多年的外贸经验，他开始教新手如何寻找海外客户。他将相关课程放到了网络上，并为外贸人员搭建起了信息平台，提供海关等方面的实时信息。

由此，他贩卖的商品由货物变成了信息！他把经验和知识变成了商业模式，在看准了市场趋势的情况下，以非常低的成本撬动了巨大的市场。这个转变让H先生成了真正的富豪。做外贸的时候，要承受海运、货物、仓库等方面的风险，还有资金链的周转问题，而做外贸培训，他不需要太多的投入，几乎零风险地持续盈利。从最初的租售碟片、贩卖二手车、做外贸，再到贩卖"获取信息"的方式，这是一个商业模式不断升级的过程，即以越来越高的效率提供越来越有价值的商品。

在创业的过程中，信息很多时候直接等于金钱。比如，你打算花 10 万元做一轮抖音投放，测试获客成本，但其实同行早已经测试过了。你想搭建一个销售体系，缺少完整的 SOP（标准作业程序）和话术，而这个框架同行早就搭建好了。很多时候，很多信息其实已经存在，你要做的就是想尽办法搜索到它们。与其花时间"烧钱试错"，不如借助既有信息直接解决问题。这个过程中，你能节省大把的试错成本。

在职场中，信息能让你获得更大的影响力。"沃尔森法则"是美国企业家沃尔森（S.M.Watson）提出的，其主旨为，每个人都应该把信息和情报放在第一位。这就是说，如果你是那个为企业提供信息的人，那么企业就不得不时刻依赖你，你就处在了价值链的顶端。

选择去信息流量大的地方

我们来讨论一个非常现实的问题：对于年轻人来说，什么工作才算一份好工作？

很多人可能会说，大公司的工作肯定很好，平台足够大，管理制度规范且收入高；公务员也不错，非常稳定；医生或律师似乎也可以，门槛比较高，凭借自己的本事吃饭。这些答案都没有错，但我会提供一个不一样的思路：去找一份信息流动量大、能极大扩展你的信息视野的工作。

这个世界上最发达和最富有的城市，往往占据着港口或内陆的交通要道，比如东京、上海、纽约、伦敦等。在这样的城市里，汇聚着高速流动的现金流、物流和信息流。如果一个地方充满变化，那么年轻人就更容易获得机会。在资源流动性差、人口流动也相对稳定的地方，社会资源和社会关系更容易僵化，那些赤手空拳的人所能获得的机会就很少。相反，在信息流涌动的地方，年轻人可以训练自己的敏感度，进而提升对趋势、变化的洞察力和判断力。所谓"读万卷书，行万里路"，就是扩大自己信息量的最佳方式。

每个人的一天都只有 24 个小时，这是世界上最公平的事情。既然任何人所拥有的时间都是一样的，那么我们就要优化时间的利用效率，从而实现弯道超车。对于大多数年轻人来说，时间就是我们唯一的资本。如何用好这唯一的资本呢？当然是把它投资在质量更高的信息上面。这里需要训练两个核心技能：

1. 信息搜索能力，尤其是用互联网进行信息搜索的能力。

2. 与不同的人结交，并从更厉害的人那里挖掘信息的能力。

除了信息的流量，还有一个需要考察的维度，那就是信息的密度。相同时间所获取的信息，其价值是不一样的。这就好像货币一样，一些货币很值钱，比如瑞士法郎，一些货币不值钱，比如泰铢。同样，高密度的信息远比那些泛泛而谈的情绪更值钱。

我认识一个非常有名的风险投资人，他跟我分享了自己快速成长的秘诀。年轻的时候，他是一名记者，他最喜欢做的事情就是找到非常厉害的人，跟他们聊天。一个银行行长对银行业务的解读，其深度远超你从其他渠道所获得的信息。

当然，并非每个人都有机会与银行行长聊天。因此，我的做法是，对于某一个问题，我都会去搜索这个领域专业、权威的人的观点和解读。比较有趣的是，在互联网中，这些专业人士的解读视频，点击量反而非常少。可见，在获得高质量信息这件事情上，群众的眼睛并不一定是雪亮的。

真正厉害的人，一定不是从众的，不是随波逐流的。他们能够深入群体，理解群体，但又会和大众保持一定的距离，而不被群体裹挟。

2.2 能整合碎片化信息的人，才能做财富流量池的赢家

既然信息这么有价值，为什么还有很多人会遇到信息爆炸的问题？每个人都有手机，现在上网几乎没有成本，为什么有些人通过信息赚到了钱，而有些人成了信息的消费对象？很多人最终成了为他人贡献流量的分母，为别人的财富充当了燃料。显然，大部分人其实并没有掌握"驾驭大量信息"的方法。

如何应对信息爆炸？

如何应对信息爆炸？这个问题太难了，社交媒体和内容平台的发达，让我们的手机里充斥着海量的信息。打开任何一个网页或者 APP（应用程序），都有能让你感兴趣的东西，但它们似乎并没有让每一个人都变成更厉害的人。在当今社会，很多人都面临一种困境：信息爆炸。

每天早上，一打开手机，铺天盖地的信息就开始向你袭来，你的注意力被这些内容切割得支离破碎。耗费了大把的时光，你的脑袋还是空空如也，似乎并没有学到什么，剩下的只有内

心的烦闷、失落，以及焦虑不安。放下手机后，你不禁会想：问题出在哪里？

核心问题还是在于，如果没有知识体系作为铺垫，那么碎片化的信息根本不会提供任何有价值的东西。也就是说，我们只是在被信息轰炸，而没有学习。

接下来，我将分享一个高效处理信息的方法模型。多年来，正是靠这个模型，我才能掌控自己的注意力，关注真正重要的信息，并将繁杂的信息组成知识体系，形成自己的判断。在这个模型中，我们可以把获取信息的过程分为三个层次：内脑层、外脑层和智囊团。

内脑层

内脑层即人的大脑，相当于 CPU。在日常的工作、生活中，大脑主要用来做决策，不需要囤积太多的信息。也就是说，内脑主要负责优化算法，通过不断提升思维方式，实现跨任务学习和泛化推理，以此指导决策。这种卓越的学习能力，被人们称为"元学习能力"。

简单地说，大脑资源非常有限，因此千万不要浪费在死板的记忆上。人们应该用大脑对信息进行有效思考，并构建一个简洁的知识体系。在训练大脑处理信息的能力时，我们应该聚焦那些非常核心的能力，其中包括：

1. 联想和迁移能力。

2. 分析和判断能力。

3. 想象和创造能力。

联想和迁移是学习新事物的基本方式。所谓学会，肯定始于简单的模仿。然而，有效的学习一定展现为"举一反三，触类旁通"。

分析和判断力是最基本的生存能力。人生就是一个个岔路口，每个人都必须依靠分析和判断来获得更优质的选择结果。所谓命运，其实就是一次次选择结果的叠加。

想象力和创造力则让我们创造新的世界。出色的想象力能够让人们提前看到未来的图景，而创造力则能将这些图景转换为现实。

传统的教育非常注重记忆能力，记住各种知识点，就能够在考试中拿到高分。然而，死板的记忆其实是对大脑最大的浪费。记忆这种事情，外包给外脑就好了。就像爱因斯坦所说的："我从来都记不住光速，因为我能飞快地查到。"

外脑层

所谓外脑，就是用来存放关键信息和模型的地方，相当于电脑里的硬盘。不过，它并不是我们自己的大脑，它可以是纸质的笔记本，也可以是我们的电子笔记体系。记忆本身其实并不能给人们带来什么价值，因此你完全可以外包记忆，从而释放自己大脑有限的精力。

在人工智能发展的早期，有一种解决问题的方式叫"知识专家系统"，就是把人类的知识写入机器，再输入规则，通过这样的系统来指导问题的解决。然而，这种系统的智能程度是非常低的，因为人们会面临各种新问题。不过，这样的知识专家系统仍具有启发意义。虽然智能度很低，但它可以成为一个很好的助手，分担我们大脑的一大部分工作——至少，可以充当一个储存大量细节信息的硬盘。

互联网时代为我们提供了大量工具，每个人都可借此建造自己的"知识专家系统"。这些工具包括云盘、电子笔记本、内存盘及知识导图等。利用这些工具，我们能将各种知识成体系地保存下来。

在外脑层做笔记时，有一个基本的原则：精简和可调。笔记一定要围绕核心信息，比如关键人物、要点或搭建内脑思考框架的基本要素。在外脑层里储存知识时不要贪多，不要看到什么都往里面塞。就像读书一样，精读一本好书比泛听 10 本书都有用。

最好的笔记体系是什么呢？我觉得是互联网上的各种百科的编写体系。我们可以多看看这些百科的编写，你会发现其中有很多精华，有时候一个词条就能够帮助我们把一个领域的东西讲透。不过，百科上面的东西，我从来不做笔记和摘抄，顶多记住几个关键的词。为什么？因为我只需要知道怎么搜索它就好了，并不需要一条条地把上面的内容摘抄下来。同样地，对于互联网上的大多数信息，你都可以如此处理，比如公众号的文章、优质的评论等。放入笔记系统中的东西，一定是阅读后梳理过的输出（output）。记住，放入外脑层的信息，一定是自己思考过的、又没有必要写入大脑的东西。

智囊团

说起智囊，你的脑海里会浮现出什么？是《三国演义》中的诸葛亮，还是《水浒传》里的吴用？其实，不仅王侯将相需要智囊，世界 500 强企业个个都有智囊，且不止一个。

华为能有今天的成就，与其背后的智囊团密不可分。在企业成立初期，华为在 IBM（国际商业机器公司）的帮助下，从市场预测、产品研发到供应链管理，对各种流程都进行了重塑；在合益咨询（Hay Group）的帮助下，华为逐渐形成了自己成熟的干部选拔、培养、任用、考核与奖惩机制；与埃森哲合作，华为重新梳理了客户关系管理体系，提升了公司的运作效率；与普华永道联手对财务管理进行变革，华为大幅降低了企业的金融风险。

正是通过与各类咨询公司合作，华为才得以填补自身的漏洞，并将大部分精力聚焦在技术研发上。然而，企业有充足的资本，可以保障它与知名咨询公司合作，而作为个人，我们该如何找智囊团呢？

在日本求学期间，我曾有幸跟随谷口先生学习，他是日本前首相的智囊团成员。通过谷口先生，我了解了聪明人是如何搭建自己的智囊团的。在做研究调查的时候，谷口先生通常会在学术资料库里搜索和下载各类论文，并通过采访等方式，汲取其他思考者的智慧。

其实，你也可以挑选一些自己信服的人，组建智囊团。虽然你可能无法直接见到他们，但你可以不停地在网络上搜索他们的发言和文章，汲取他们的智慧。一旦组建了"智囊团"，你就会成为一个开放的、能虚心听取他人意见的人。这样，你就获得了自我进化的能力。虚心听取他人意见，且能够不断地学习和进化，在我看来这才是最高智慧的体现。

2.3 让大脑先富起来，人才能实现财富自由

提升认知，先减少大脑消耗

很多人为什么没办法做长远的决策？为什么人们会深陷碌碌无为的状态难以自拔？因为大脑的认知负担太重了，没有精力做出最佳决策！穷人为什么会穷？是因为懒惰，整天无所事事、不求上进导致收入低，才导致贫穷吗？这种对于贫穷的认知，是完全错误的。

在《贫穷的本质》（Poor Economics）一书中，阿比吉特·班纳吉（Abhijit V. Banerjee）描绘了一群孟买贫民窟的女人的故事。她们发现了商机，即利用海边现成的沙子就可以赚钱。每天天未亮，她们就去海边挖湿海沙，再将一袋袋沉重的海沙背到交通繁忙的市中心，赶在车流量增多前把沙子铺在马路上，巧妙地利用车轮散发的热气把潮湿的海沙烘干。为此，她们需要整天坐在路

边，时刻盯着沙子，等海沙被烘干后及时收回，再铺上新的湿海沙。就这样，等到一天结束后，她们再背着一袋袋干沙子回到贫民窟，将干沙子卖给当地妇女，这些妇女用干沙子擦盘子。

忙碌是很多穷人的真实写照。他们会通过延长工作时长换取更多收入，也会身兼数职，以抵御失业风险。按理来说，他们应该有机会攒下一笔钱，进而改善自己的生活，可是他们为什么依然贫穷呢？在《贫穷的本质》中，作者指出，即使拥有良好的存钱机会，这些穷人也存不住钱，因为他们总是在存钱与酒、存钱与糖、存钱与小饰品之间选择后者，选择解决当下的问题。

这一点其实不难理解。穷人每天担负着精神和体力上的双重劳累，面对手里的余钱，他们倾向于购买那些能马上让自己开心的物品。酒、糖与小饰品恰恰可以缓解他们一天的疲惫。然而，实际上，存钱对这些穷人而言更重要。这可以让他们在将来有能力修缮漏雨的屋顶，改善居住环境；帮助他们积累更多的资金，进而还清欠款，投资孩子的教育，让下一代逃离贫穷陷阱等。可惜，他们总是浪费了一次次存钱的机会，因此只能继续贫穷下去。

班纳吉以金钱上的穷人为例，将"存不住钱"与"自我控制能力太弱"联系在了一起。在《稀缺》（*Scarcity*）一书中，塞德希尔·穆来纳森（Sendhil Mullainathan）则解释了穷人总是做出错误判断的原因。

"稀缺"往往会导致人们的认知带宽（bandwidth）变窄，即认知能力和执行控制力的下降。认知能力就是人们获取信息、解决问题、进行逻辑推理的能力。执行控制力，简单来讲，就是在管理认知能力的过程中，人们对行为的控制能力。物质匮乏会降低人们的认知带宽的容量，致使穷人缺乏洞察力和前瞻性，还会减弱他们的执行控制力。

相比于"彻夜不眠"，"匮乏状态"对人的认知能力影响更大。这里的匮乏不仅指金钱，也包括时间。显然，想让大脑保持认知带宽，我们就不能让它感到"匮乏"。想实现财富充足，先要让自己的大脑富有。这也是我一再强调给大脑减负的重要原因。

拒绝鸡汤

每个人都存在情绪，而且情绪本身会扭曲思考。因此，如果一味地放纵情绪，那大脑就难以养成深度思考的习惯。然后，网络上的各类信息为了追求阅读量，往往借助"情绪"来抓住人们的注意力。这种夹杂情绪的东西主要利用人类的本能来吸引人们阅读、评价和转发。一旦你真的开始思考，这个过程就会被打断。因此，从某种程度上讲，它们其实是有反智倾向的，不但信息密度极低，而且逻辑也是断裂的。一个人一旦习惯了鸡汤式的输入方式，其思维就会逐渐丧失独立性。

从输入端而言，大家应该养成吸收高知识密度信息的习惯。一般来说，书籍的知识密度远大于电视节目，而学术论文的信息密度又远大于相同主题的书籍。2016 年，诺贝尔经济学奖获得者斯蒂格利茨写过一本关于欧元危机的畅销书《欧元危机：共同货币阴影下的欧洲》（THE EURO: How a Common Currency Threatens the Future of Europe）。然而，其实在很早之前，他就针对这个话题在期刊上发表过论文。从核心观点而言，这本书和之前的论文毫无差别，只是填充了大量的阅读素材。在这种情况下，你可以选择直接去阅读他的论文，这样就会节约大量的时间。

面对高知识密度的信息，千万不要畏难。只要养成了输入习惯且搭建起自身的认知体系，那么很快你就会体验到深度思考的乐趣，而且越吸取越轻松。如果说碎片化的东西是稀汤，那么高知识密度的东西就是上等的"知识牛肉"。

想养成良好的输入习惯，你可以以问题为先导，提一些自己非常感兴趣的问题，然后去寻找它们的答案。

面对某行业的发展水平、某公司的业务模式以及枯燥的财务报表，普通人确实很难产生兴趣。然而，如果自己想创业或投资股票，那么你就会对这方面的信息充满渴望。这种渴望会成为强大的驱动力，帮助你钻进各种"信息富矿"中。

第三章

想要致富，你的学习速度
必须比发展速度快

什么样的创始人最值得投资？什么样的团队最值钱？

这个问题，我咨询过很多一级市场的投资人，尤其是做天使投资①和VC投资②的投资人。最终，我得到的答案竟然出奇地一致：创始人最重要的品质是学习能力、创新能力以及领导能力。学习能力排在首位。

显然，如果想获得外界的加持，你一定要养成终身学习的习惯。因此，这一章，我们来理清楚这样一个问题：我们如何快速学习？

---

① 天使投资是早期阶段的投资，通常由个人或小型投资公司提供资金和支持，以帮助初创企业成长。
② VC投资是指由风险投资公司向高成长潜力的企业提供资金和支持，以换取未来的股权份额。

3.1 比知识更重要的，是知识背后的逻辑关系

按照斯金纳的说法，学习的本质就是人类行为的持续改进。由于决策实际上也是人类的一种行为，对于本书而言，学习就是不断优化自身决策能力的过程。

很多人其实对学习存在很大的误解，他们认为"学习就是掌握更多的知识"。这其实是错误的，因为知识是学不完的。这个道理，庄子在两千多年前就已经说过了："吾生也有涯，而知也无涯。以有涯随无涯，殆已！"在这个日新月异的世界，学习速度意味着自我迭代的速度，甚至是加速度。对于财富积累甚至自我生存来说，关键不是你掌握了多少静态知识，而是你能在多大程度上快速改变自己，不断提升自己做出正确决策的概率。

社会中其实存在很多种学习方法，比如"基于问题的学习""基于项目的学习""系统性学习"等。我自己还尝试过其中的一些，如斯科特·杨（Scott Yang）的整体式学习方法、费曼学习法等。这些学习方法最终会触及一些核心问题：到底什么是知识？学习能力是什么？我们如何让大脑更擅长学习？在我看来，这些问题的答案可以归结为如下几个要点：

1. 学会"如何学习",涉及元认知层面的训练。

2. 知识并不能提升人们的决策能力,关键是知识背后的逻辑关系。

3. 探索逻辑关系的途径包括归纳和演绎。

和这个世界比拼学习速度

这个世界的变化速度非常快。电商、公众号、短视频、直播……短短 10 年间,风口频繁出现,不少人借此积累了大量财富。然而,更多的人只是旁观者。"红利期"出现时,这些人怀疑、犹豫,瞻前顾后,一会儿担心自己学不会,一会儿又纠结自己能不能干好,迟迟没有跟上。"红利期"过后,他们又觉得行业已经成熟,这个时候进去,吃力不讨好。

显然,想借助时代红利积累财富,学习能力是必不可少的。厉害的人都很善于学习,这是他们的生存方式。世界急速变化,新技术随时可能重构整个底层系统,颠覆你的存在根基。因此,固化的技能都是靠不住的,一定要具备出色的学习能力,这样才能持续迭代。

我读第一个研究生时,研究方向是基于智能电网的新能源系统。该方向在当时是比较新的,我们要解决的问题是把智慧电网、新能源汽车以及新能源（风能、太阳能等）电厂设计到一个系统里面去，让新能源能够在整个系统里面流转。

运用该系统的地方，被称作智慧新城市。在设计智慧新城市时，我们仍在使用传统的手动建模方式处理数据，这意味着我们有巨大的工作量。然而，当该研究的进度过半时，深度学习技术爆发，人工智能自动建模的方式被大量地应用。突然之间，过去困扰我们的手动建模问题一下子就不存在了。看吧，新技术和模式一出现，你之前的框架就需要全部推翻，而你必须不断重头学起。

15 年前"做淘宝"赚钱，10 年前"做移动互联网"赚钱，接着是"做自媒体和内容"赚钱，然后又到了"做视频"赚钱的时代……在这个变动的环境中，市场上出现了大量培训课，有很多人教你怎样修图、怎样直播、怎样做短视频、怎样写文章……然而，这些都并不能保证你可以持久地进行财富积累。在这个充满变量的环境中，对于个体来说，真正重要的还是个人的学习能力。

一个机会来临时，对大部分人来说，它都是新的。这时候，我们拼的就是加速度。加速度是什么？就是我们学习的速度。当学习速度快于机会发展的速度时，你就能够走在前面，抓住这个机会所蕴含的财富红利。

知识 = 概念 + 逻辑关系

　　我在招聘员工时，经常会听到一句话："我虽然没有这方面的工作经验，但是我可以学。"对此，我总会追问一个问题："那你能告诉我，你有哪些学习方法吗？"大部分人都会谈起自己学会某种技能的经过，但对于学习方法本身，他们都缺乏成体系的总结。显然，很多人并没有思考过最重要的问题，那就是学习的本质到底是什么？

　　在我看来，学习有两个目标，第一个目标是掌握知识，第二个目标则是学会学习。

　　既然我们要学习知识，那么我们首先要弄清楚一个问题：知识到底是什么？

　　太阳从东边升起，从西边落下是知识吗？如何使用二维码进行支付是知识吗？银行的利率提高了，债券的价格会下降，这是知识吗？

　　你可以说这些都是知识。然而，在我看来，这些都属于描述性的信息。显然，这些信息并没有揭示各种现象背后的逻辑关系。"太阳东升西落"只是现象，其背后的天体运动规律才是知识；"只要照着做，就能使用二维码进行支付"，但我们还是搞不清其背后基于图形的信息编码逻辑；"利率提高，债券价格会下降"也只是一种表象，要想搞清楚它，需要了解货币市场的相关机制……

知识不但包含概念，还应该包含概念间的逻辑关系。我就以"利率提高，债券价格会下降"这一点来举例说明吧。想掌握这种现象背后的知识，你需要搞清楚两个基础概念：

概念一：把钱看作商品，利率是该商品的价格。

概念二：债券是发行者用来募集钱，并且会在未来还本付息的一种承诺。

然后理解这样一种逻辑关系：

钱可以在银行存款和债券之间自由流动，但是流到了这里，就无法流到别处了。同样的钱，购买了债券，就不能放在银行生利息了。

这样，你才算获得了相关知识：利率上升，表示钱变贵了，那么买同样面值的债券，自然就可以用更少的钱了。拥有这种知识后，你会发现，如果债券发行方还想通过发债券募集到同样多的资金，就只能提高债券的回报率了，于是还债压力就会变大。接着，你还会意识到，原本打算通过发债券支持的新项目，很多就不得不停工了。央行正是基于这种逻辑使用利率来调节经济的。

一旦你理解了基础的概念，并厘清了这些概念之间的逻辑关系，你会发现很多东西都可以快速地推导出来，根本不需要刻意去记。因此，要想提升学习速度，核心还是理解基本概念，并厘清概念之间的逻辑关系。

3.2　提高正确决策的概率，占据财富游戏的先机

既然"知识＝概念＋逻辑关系"，那么我们获取知识的方式就变得非常简单了：精准地理解概念，并且把握其逻辑关系。虽然逻辑关系处于底层的、抽象的、不可见的状态，但它非常重要。那么，逻辑关系究竟是什么呢？如何用好逻辑关系呢？运用逻辑关系有两种最实用的方法：归纳和演绎。

归纳，从经验中总结

在日常生活中，我们会默认年长的人更有经验和智慧。在招聘新员工时，各家公司也会要求应聘者至少有几年的相关工作经验。大家为什么这么重视经验呢？因为人们可以从经验中学习，进而更好地做出决策。因此，我们需要一个方法，让个人经验的价值最大化。

投资者更喜欢那些市场经验丰富的基金经理，因为他们穿越过牛熊[①]。在丰富的经验基础上，如果一个人还善于归纳总结，那么他就很容易拥有很宝贵的专业资产。

通过归纳，人们可以对一个结论或命题进行判断。那么什么是命题？简单地说，你可以将"命题"理解为一个判断句，即"什么是什么"或"×××满足什么条件"。比如说"三角形 ABC 是一个等边三角形""两条直线互相垂直"等，这类说法就是命题。所谓归纳推理，则是一个由个体到一般的过程。借助归纳推理，人们可以抽离出散落在个体身上的普遍特征。

---

① 牛熊：指"牛市"和"熊市"，是用于描述金融市场中股票价格总体上涨或下跌的术语。"牛市"指股票市场总体上升的情况，这通常是由于经济增长、就业增加、企业盈利增加、投资者信心增强等因素的影响。"熊市"指股票市场总体下跌的情况，这通常是由于经济衰退、企业盈利下降、投资者信心下降等因素的影响。

归纳推理具体是什么，可以举个简单的例子：

香蕉、苹果、葡萄、杧果、草莓 ……上述物体有什么共同点？

你一定会马上回答：它们都是水果。非常好，刚刚你几乎是在一瞬间完成了分析上述词汇的特征并找到其共同点的过程。这就是一个简单的"归纳推理"，即概括总结，发现共同点，形成具有普适性的一般规律。如果想在生活中充分发挥归纳的作用，那么我们可以将它定义得更为宽松一些：按照特有的规矩将事物分类，然后再进行归总。

俗语说："天下乌鸦一般黑。"一个人不可能见过全世界所有的乌鸦，但从个别乌鸦身上，我们可以得到关于天下所有乌鸦的结论，这就是从个体到一般的归纳性判断。回到 H 先生的例子，在新西兰，他去几个家庭转了转，就推算出了本地 DVD 播放机的总量，并决定开一家租碟片店。显然，通过归纳判断，人们可以极大地减少工作量，提升决策的速度。

演绎，深刻的洞察

成功的商人往往都是演绎高手。他们懂得从市场现有的信息出发，运用逻辑推断出市场未来的发展趋势。富有洞察力的投资者总能在其他人还没有意识到的时候，发现机会的存在。

马云开始创业的时候，很多投资者都不愿意投他，但是孙正义只和马云交谈了 5 分钟，就决定向马云投资 2000 万美元。结果大家都知道，阿里巴巴成了"头部"电商企业，孙正义的投资也大获成功。孙正义曾解释道，马云创业的远景是帮助中国的小企业实现梦想，正是这一点打动了自己。显然，从两人简短的谈话中，孙正义就演绎出了未来的商业场景。

对于普通人来说，演绎这个工具该怎么应用呢？演绎推理包括经典的"三段论"和"假言推理"。

三段论是最基本的演绎推理法。所谓的"三段"，就是指大前提、小前提和结论。在逻辑学中，"苏格拉底之死"是一个很著名的三段论：

人都会死。（大前提）

苏格拉底是人。（小前提）

苏格拉底会死。（结论）

接着，我们再看一个错误的三段论：

鸟都会飞。（大前提）

鸵鸟是鸟。（小前提）

鸵鸟会飞。（结论）

显然，这个演绎推理的结论是错误的，因为大前提不成立，即并不是所有的鸟都会飞。

通过演绎过程，我们可以对事物的必然性进行判断。再举一个最简单的例子，看一看这个知识点的演绎论证：

所有的长方形都是多边形。（大前提）

所有的正方形都是长方形。（小前提）

所有的正方形都是多边形。（结论）

如果大类事物的属性是确定的（长方形有多条边），而个别事物属于该大类（正方形是长方形的一种），那么个别事物也就必然具有相关属性（正方形也有多条边）。显然，对于演绎而言，核心点在于"大类事物的属性是不是真的成立""个别事物是不是真的属于大类"。

古玛雅人相信，恰克是雨神，主要负责世间的雨水。干旱时，古玛雅人偶然发现，有人淹死在天然水井后，第二天就下雨了。由此他们想到，原来把人淹死在水井里面，雨神恰克就会高兴，就会向人间布雨。于是，用活人献祭雨神，就成了古玛雅人的一个传统。很明显，这种演绎完全建立在虚幻的前提下，因此其结论也一定是靠不住的。

总体而言，归纳是从个别事物的属性推导出整体的共同属性，而演绎是从整体的共同属性出发，确定个别事物的属性。不管是搞清楚整体的共同属性，还是明确个别事物的属性，我们都可以借此提高正确决策的概率，从而在财富游戏中占据先机。

3.3 解决新问题，就是在创造财富

人能承受的安全电压是 36V，如果触碰 220V 的电路，就会有触电身亡的危险；野生动物可能携带传染病毒，如果随便食用很可能会感染病毒。这类知识一旦被写入你的大脑，你就可以借此指导自己的行为，从而避免糟糕的结局……围绕各种常见问题，社会上已经存在各种现成的解决办法。你只要把这些办法记在脑子里面就好，并不用思考太多。不过，这种方式并不能帮你发现和解决新问题，而解决新问题往往

意味着财富之源。

好在我们还有另一项"自带资本"。最新的脑科学研究显示，人类的大脑有终生可塑性，学得越多，学得就越快。学习会重塑人类大脑的结构，让我们更有机会找到解决新问题的办法。

运用已有的知识来学习新知识，这就是"迁移学习"，其核心就是找到两者间的相似性，也就是俗话所说的"举一反三"。比如，我们已经掌握了英语，那么就可以用相似的学习方法来学习其他语言。无论是人的学习，还是机器的学习，迁移性都能大幅提高学习的效率。

"迁移学习"在大脑中的具体表现就是各种思维模型。如果你能从过去的学习经验中提取大量的模型，那么在面对全新的领域时，你就能加快自己的学习速度，不断优化自己的决策水平。模型本身也是一种知识，不过这种知识的存在是为了保障我们能快速地学习新知识，因此它们被称为"元认知"。

第四章

擅长总结规律，能帮你少走很多弯路

著名的物理学家、网络科学家艾伯特-拉斯洛·巴拉巴西
（Albert-László Barabási）在他的著作《巴拉巴西成功定律》
（*The Formula*）中揭示了成功的核心秘方：通过社会适应度的
不断放大，初始的成功可以催生更大的成功。也就是说，只需
要在复杂的环境中做好几个关键性的决策，我们就能获得初始
优势。在适当的条件，这些优势会逐渐放大，并以指数级推进
速度把我们推到更高的社会位置上。财富上的差距就是这么形
成的。

　　因此，如何变得更幸运这个问题，就变成了我们要如何做
好初始决策。这一章就来分享几个日常中经常可以用到的决策
模型，它们可以帮助我们大幅改善决策质量。

4.1 超越直觉：你以为的只是你以为的

很多人会把发现机会视为一种嗅觉，但其实这与一个人的判断思路密切相关。有些人对于机会非常敏锐，然而，如果这只是源自直觉，那么据此形成决策就要承担很大的风险。虽然直觉有时是一种很好的决策方式，但进入知识盲区时，它往往会将人们带进深渊。我们可以靠直觉，但不能只靠直觉。

举个典型的例子，一直困扰小城市出身的年轻人的问题是：未来是应该留在大城市发展，还是回家乡？很多人在网上发表过自己的观点，但那些观点大部分带有浓浓的情绪。

一方面，经过飞速上涨，一线城市的房屋均价很高，这让很多人彻底放弃了在一线城市安家的念头。另一方面，随着互联网及物流业的发展，在小城市也可以获得同样的资讯，并享受到与一线城市一样的消费服务。因此，很多人认为信息技术抹平了小城市和一线城市的差距。

与此同时，人们又看到，互联网、教育以及金融等高薪行业仍聚集在一线城市。创业新贵、高科技神话，似乎都与小城市无缘。小城市的产业结构单一，很多在大城市工作的人，回到小城市之后一时之间竟找不到合适的工作，薪水也要降很多。

面对这些相互冲突、矛盾的信息，未来到底要如何规划呢？一会儿感慨"北上广不相信眼泪"，向往小城市的岁月静好，一会儿又担心小城市的医疗与教育资源不足，发展空间小，在两种情绪间摇摆不定，对于当代一部分青年人来说，几乎成了一种常态。

　　很多人从来没有经历过类似的事情，因此这个时候的直觉往往与经验无关，只牵扯情绪。然而，情绪并不能帮助人们做出有价值的判断。如果只是跟着情绪走，根据直觉做选择，那很可能出现这样的场景：回到老家后，觉得日子平淡乏味，羡慕大城市的职业前景；留在了大城市，又觉得小城市的发展似乎也不错。因此，核心还是要梳理出信息背后的逻辑。城市的发展规律到底是由什么因素决定的？互联网和物流，真的可以让世界变"平"吗？

　　有一个模型叫"齐普夫定律"，它描述了城市人口分布的规律：在一个国家里，第二大城市的人口是第一大城市的1/2，第三大城市的人口是第一大城市的1/3。"齐普夫定律"完美地解释了美国、日本、欧洲各国的人口分布情况，其依据是无论大城市还是小城市，人口数量都与资源分布相关，有稳定的增长速度。人口区域性集中才能保证资源的高效利用，这是规律。

　　借助这一模型，我们也可以研究一下中国的人口分布情况。只需要简单地进行数据搜索和基础分析，你就会明显地发现，中国一线城市的人口数量并未饱和。

　　"齐普夫定律"源自语言学的研究，其核心主旨是，在一部作品中，最常用的词与第二常用的词相比，前者的使用次数是后者的两倍。这个基于大量信息归纳出的模型，在许多领域发挥着预测作用。

　　2019年9月，芝加哥大学学者贝当古（Bettencourt）发布了他的研究成果：中国城市同样适用规模法则，与其他国家城市的发展动力和规律相似。人口集中的城市将有利于个体间的频繁互动，进而促进信息分享、需求扩大、知识升级和创新激励，这最终又会促成城市的发展。

　　显然，无论你对在大城市打拼的生活有什么样的情绪体验，资源向大城市集中都是不可避免的，这是社会发展的一种必然规律。因此，当面对纷杂的信息而难以抉择时，你会发现"齐普夫定律"非常有用。

　　当然，除了用"齐普夫定律"预测外，我们还可以挖掘更多信息来验证上述结论。比如，国家出台"放开300万以下人口城市的落户限制"这类政策，各地中小城市纷纷出台各种"抢人措施"……这些信息都从侧面说明了"齐普夫定律"的合理性。

当你掌握了大量的模型后，你就可以自己构建模型了。我因为女儿上学的问题，想在深圳买一套学区房。然而，深圳的房屋均价高，学位比较紧张，学区政策也比较复杂，在这种情况下，最好的方式还是通过中介服务获取相关信息。

在了解了我的基本情况后，中介人员极力向我推荐一套位于大城中村的老房子。这套房子的学位极好，恰好与一片顶级豪宅共享学区，从小学到初中九年名校直升，并且因为房子面积小，所以总价低。最重要的是，中介给我算了一笔账：等孩子上大学之后，如果将房子转手卖出去，绝对不会贬值；另外，这套房子还有拆迁的可能，一旦拆迁，该地段的溢价将是惊人的。

听完这些优点后，我有点儿心动。不过，本着决策不能太草率的原则，我没有马上答应中介。回去之后，我就开始搜集信息。搜集什么信息呢？我并不着急搜索那片学区的房屋单价是否真有中介所说的那么高，也不在意对应的学区排名是否有那么好。我搜集的是深圳近三年来的整体人口流动情况，常住人口、户籍人口、就业分布以及平均工资等数据。

为什么要搜集这些信息？因为一个城市就是一个生态系统，房价是其最重要的一个指标，因此房价肯定是该系统的各个因素综合后的结果。通过分析，我有了一个更准确的判断。深圳虽然常住人口有将近 1400 万，人均年龄才 33 岁，但它的户籍人口只有不到 400 万。虽然豪宅林立，但大部分掌握在少数人手里。深圳还有将近 1000 万青年人没有房产。另外，深圳的平均工资大约为 8000 元，这意味着至少有一半人的收入没有达到 8000 元。

根据这些信息，我们基本上可以勾勒出这样一个画面：作为一座新兴移民城市，深圳有一大半人来自全国各地，他们大部分收入不高，若想在这个城市落脚，首选的地方便是城中村。金字塔结构式的住宅区域结构正好对应着深圳的就业结构。由此，我敢断定，这个房子 10 年内没有拆迁的可能。如果这么大的一个城中村不复存在，金字塔结构就很难维持了。没想到，没过两个月，我就看到了新闻：深圳政府颁布政策，城中村只允许翻新，不允许拆除。

拆迁能带来巨大的财富前景，这构成了一种巨大的诱惑。如果缺乏必要的工具，人们很容易只看能确认这种前景的信息。借助模型，人们就可以抵制各种冲动，从更全面的角度来看问题。

大部分人的思考很难做到系统性、有方法、有逻辑，通常都是"我觉得这个事情可不可以做""我觉得应不应该回来创业""我觉得美国的生活好不好""我觉得未来的中国、未来的趋势好不好"，然后就凭借"我觉得"去做决策，但事实上这样做出的决策会有很大的风险。

4.2　怎样判定复杂环境中的机遇是否有效?

先来介绍两个案例,大家可以带着案例中的问题来读这一小节。

第一个案例探讨的问题是:在复杂的环境里,遇到一个机会,怎样去判定这个机会的有效性?

我有一个朋友,他是美国某大学的博士,主要研究机械。当时,国内的区块链技术非常火爆,他的同学邀请他回国在这个领域共同创业。另外,地方政府的工业园区有特殊政策,对于高新技术的创业,地方政府会给予100万元的补贴。如果你是他,你会选择创业吗?

第二个案例是关于视频号的。视频号刚兴起的时候,很多人都面临这样一个选择:到底应该将多少精力投入到视频号?

在本节和下一小节,我们将提供两个工具,它们能帮你拓宽解决问题的思路。

第一个工具是CA(Context Analysis)模型,即环境分析方法。它是商学院里面必学的基础概念,但是不同的人可能有不同的使用效果。为什么要分析环境呢?因为环境是我们讨论的基础。比如,开餐馆的人、做自媒体的人和做房屋中介的人,他们对流量的理解是不一样的，因此，在和他们谈论这个话题时，你就必须注意环境。我们做事情也是这样，一个机会出现时，首先要看它是在什么环境中出现的，其环境存在什么趋势。使用 CA 模型分析环境时，我们主要看两个点：生态边界和宏观环境。

划定问题的边界，定义出主要问题，是我们分析的前提。在一场辩论赛中，所有参赛人员都应该围绕着某主题来过招。当有辩手偏题时，其他辩手就会提示他，这不是辩论的主题。显然，如果可以随意发散的话，辩论就永远无法结束了。在具体环境中，问题才会更加清晰，才更有可操作性。做系统设计时，包括写程序、写代码时，你首先要做的就是熟悉它们的运行环境。

对于宏观环境来说，你应该着重分析政治、技术、商业因素，其中政治的权重大于技术，技术的权重又大于商业。另外，很多因素都是动态的，会随着时间变化，千万别忽略这一点。

在电视剧《小舍得》中，南俪东拼西凑，好不容易凑够几百万，为儿子和女儿买下了学区房。南俪兴高采烈地庆祝时，突然被告知雅德中学的入学政策改革了，现在只看学籍不看户籍。南俪的女儿没上过雅德附小，因此没有学籍。

她女儿之前读的是风帆小学，风帆中学的入学政策还是看户籍的。然而，如果此时她再把户籍迁回去，那么户籍年限就会归零，她女儿仍不一定能进入风帆中学。南俪就这样陷入了一种进退两难的局面，进不了，又退不回去。如果能提前考虑到政策的发展趋势，她或许就能多给自己预留一些退路。

CA 模型能帮你把复杂环境梳理清楚，但要想用好这个工具，很大程度上还是取决于你掌握的信息量。

4.3 拆解复杂利益关系，看清利益本质

第二个工具是 SA（Stakeholder Analysis）模型，即利益相关者分析。"stakeholder"是什么意思？"stake"的直接翻译是"筹码"或"赌注"，那么"stakeholder"是什么意思？就可以直接翻译为"拿着筹码的人"。什么才算是"拿着筹码的人"呢？就是决定这件事情是否能够做成，和这件事情本身就有利益关系的人。因此，所谓利益相关者，就是其利益与某事相关且能对此事产生一些影响的人和机构。

利益相关者分析可以总结为一个简单的逻辑：谁，和某事存在什么样的利益关联，将做出什么反应？

那一般的利益相关者有哪些呢？我们可以设计一个矩阵（如图 4-1），从利益和影响两个维度，来判断某事的利益相关者。

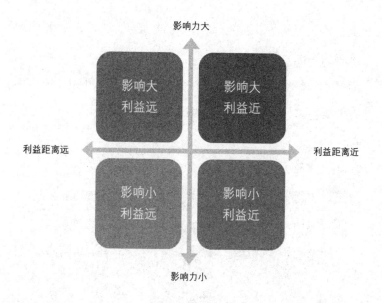

图 4-1 利益相关者矩阵

　　显然，那些"影响大、利益近"的利益相关者，是我们最应该关注的。我们要做的事情，跟他们有很大的利益关联，同时他们还直接决定着事情的进展。

　　"影响大、利益远"的群体虽然权力比较大，但对事情的进展并不关心。"影响小、利益近"的群体虽然权力比较小，但事情的进展与他们的利益密切相关，因此他们会很关心，并诉诸舆论、投诉等手段来发挥自己的作用。最后是"影响小、利益远"的群体，总体上看，他们与局外人无异，因此可以放在最后考虑。

举个简单的例子，小杨在公司要推行一个项目。按照利益相关者矩阵分析，利益相关者的布局如下：

"影响大、利益近"群体（S1）：经理、手下

"影响大、利益远"群体（S2）：经理上面的老板

"影响小、利益近"群体（S3）：同部门的同事

"影响小、利益远"群体（S4）：其他部门的同事

这样分析之后，你的思路就会清晰多了。你知道应该更重视哪些相关方的意见。你还知道应该怎样做才能既达成自己的目的，又创造多赢的局面。把所有的利益相关者都找出来，你就会清楚谁会支持你，以及他能用什么手段支持你；谁会阻住你，他的手段又有哪些。

现在，让我们回到之前提到的两个案例，来看下如何使用两个工具对机会进行分析。

第一个案例是"要不要回国在区块链领域创业"。我的朋友认为，地方政府提供支持，还有上百万的补贴，这很让人心动。另外，他的同学在区块链领域做过不少项目；有成熟的业务网

络。然而，事实上，他最重要的考虑还是觉得工程师的工作很无聊，价值感太弱。普通人可能都会像他这样考虑问题，但如果用 CA 模型和 SA 模型进行分析，他就会看到不一样的地方。

CA 分析：创业的环境分析

基于市场、客户和需求

客户：医院（公立）

需求：病患数据丢失

SA 分析：创业的利益相关者分析

S1: 地方政府

S2: 同学以及背后资源

S3: 资本方（投资人）

S4: 客户（医院）

他的考虑其实存在两个问题。第一个是太过于注重自我。他考虑最多的是工程师的工作太无聊，希望工作能更有价值感。第二个问题就是对利益相关者的诉求分析不清，很容易陷入风险。无疑，地方政府的补贴非常有吸引力，但这种补贴可能和他理解的并不一样。比如，工业园区的设备或基础设施可能就会折算为 20 万元补贴。补贴的 100 万不一定就是现金。

所以用 CA 模型和 SA 模型分析，可以围绕创业的环境调整自己的分析。创业最重要的是市场、客户和需求。如果没有市场、客户和需求，那政府给你钱也只能帮你维持一段时间。

首先，你要看你的客户在哪儿。对于医疗机构来说，利用区块链技术管理患者的各项数据，确实可以规避很多重复性的检查。然而，判断这件事情是否靠谱，你应该直接去医院。只有医院知道这是不是一个真实的需求，能否产生社会价值、经济价值。我的朋友只是自以为是地认为医院需要，因此这种"需要"其实是要打问号的。

其次，政府只是"搭台者"，并不会教你"唱戏"。因此，真正的核心还是资本方。谁愿意向你投资，谁才是最关键的利益相关方。显然，围绕投资者重新做 SA 分析，重新划定边界，你才能真正地找到需求。最终，我建议他重新思考一下，多收集一些信息，调查一下投资人和客户的意愿。有没有人愿意投入真金白银，这才是决定因素。

第二个案例是关于视频号的。2020 年，视频号刚出现的时候，我就对其进行了分析。事实证明，我的分析和判断还是挺准确的。

CA 分析：拓展分析的边界

视频号的分析边界是什么？是智能商业的大趋势。按照这个边界和思路，才能准确定义视频号的战略动机。

SA 分析：新的商业形态模式

支付宝 vs. 微信支付

电商 vs. 个人品牌

"视频号"的边界是什么？显然，它不仅是微信的事情，也不仅是腾讯的事情，本质上它体现了智能商业的大趋势。腾讯为什么要做"视频号"？从战略角度而言，我想它是在为"智慧零售"布局。如果从"智慧零售"的角度思考，那么做"视频号"的逻辑就不一样了。你会发现，"机构号"很难做，但是"个人号"似乎很好做。很重要的一点就是，零售的"人—货—场"模式已经发生了变化，人和人之间的链接成了"带货"的重要前提。按照这个思路，你才能准确定义"视频号"的未来走向。

对于 SA 分析来说，我觉得"智慧零售"与"支付"密切相关。基于"支付"收集起来的数据，腾讯才能建立用户的信用体系，这是新商业形态的基础设施。这一点可以参考"支付宝"的发展过程，"支付宝"的核心价值就是基于大数据构建起了

翻盘

风控和信用体系。微信在支付方面的大规模投入，无疑是"视频号"崛起的重要保障。

4.4 学会扬长避短，有时候合作比竞争更有利

有了环境分析和利益相关者分析后，如何快速切入赛道呢？接下来，我将介绍 SWOT 模型这个分析工具。

S (Strengths) 指内部的优势，即和竞争对手相比，自己在哪些地方比较擅长。

W (Weaknesses) 指内部的劣势，即和竞争对手相比，自己在哪些方面有差距。

O (Opportunities) 指外部的机会，即外界存在什么有利条件。

T (Threats) 指外部威胁，即外界存在什么不利因素。

SWOT 分析法现在被广泛地运用在各个领域，每个人都用它来厘清现状，找到发力点。举个例子，切入"视频号"赛道时，我是这样用 SWOT 分析法的：

S（优势）：形象不错、知识结构完整、学习能力强

W（弱点）：没有视频媒体方面的经验、精力分配问题

O（机会）："视频号"风口，媒体必然趋势

T（威胁）：坚持不到变现，死在半路

与此同时，通过竞争对手的视角做SWOT分析，你也能获得全新的思路，进而构建自己的竞争力。

如果我真的去做"视频号"的话，那我的竞争对手是谁？我认为，应该是券商、银行等金融机构的从业者和传统财经媒体的从业者。他们的SWOT分析的结果如何呢？金融机构从业者的优势是，有很丰富的销售经验，经手的案例非常多，非常懂得用户的心理。他们的弱势是什么呢？在我看来，他们的知识结构普遍薄弱。当然，对于他们来说，"视频号"意味着很好的机会，因为这是获客的新途径。从威胁的角度来说，如果所有金融机构从业者都投入"视频号"，那么必然又会形成一片新红海。

通过这样的分析，我发现，我所面临的威胁其实比原来想的要多。于是，我转换了自己的思路：与其竞争，不如合作。通过分析他们的利益诉求和发展瓶颈，我可以设计一套商业模式去服务他们。

对个人的职业发展而言，SWOT 分析也是非常重要的。我列出了一些通用的问题，大家可以试着自己做一下分析，这将帮你更加客观地认知自己。

S（优势）：

你的天赋是什么？

你有哪些比较突出的技能？

你有什么有价值的经历？

你获得过哪些奖励？

你有哪些资源？

你最大的成就是什么？

W（劣势）：

你有什么不好的工作习惯？

工作需要的技能，你都具备吗？熟练程度如何？

别人认为你的缺点有哪些？

你缺少相应的教育背景、资格证书吗？

O（机会）：

所在公司的发展前景如何？

所在行业的发展趋势是什么？

你是否有广泛的人脉，可以为自己的事业提供帮助？

公司里的问题，你有解决的方法吗？

T（威胁）：

是否有新的技术威胁你的岗位？

你的性格影响你的工作吗？

你在工作中的最大障碍是什么？

第五章

训练思考和分析能力，助你
成为财富游戏的赢家

这个世界总是处于不停变化中，这就使整个财富游戏的环境复杂化了。决策需要信息，但信息不但在变化，而且会相互影响，这种复杂程度很容易将人们带入泥潭。因此，要想成为财富游戏中的赢家，我们需要运用系统的方法论来训练自己在复杂环境中的思考和分析能力。这一章中，我将详细介绍关于系统设计的精髓，并提供具体的应用方法。

5.1　一定要在思路清晰时做决定

　　在做决策时，你的思路一定要很清晰，这非常重要。无论是租房这样的小问题，还是创业、投资或人生规划等大问题，我们都必须保证自己有清晰的决策思路。我为什么一再强调这一点呢？因为如果决策链条很长，那么我们很容易迷失在细枝末节中。这里将介绍一种辅助思考的工具——系统循环图，又叫因果回路图（Causal Loop Diagram）。

花多少钱在房租上划算

我刚回国时，在深圳找到了一份工作，工作地点就在南山区粤海街道。在公司方圆不到 10 公里的范围内，有华为、中兴、大疆、腾讯等高科技企业的总部。在这样的地段工作，住房就成了一大难题。我的办公室周围的住宅大都是高端楼盘，均价为 10 万元 / 平方米，租金也非常贵。当然，我还可以选择远一点的城中村，但是住房条件没那么好，而且通勤成本很高。

如果我住在公司附近，每个月的房租就要花费我一半的工资；如果住在更远的地方，房租会便宜些，但是要消耗大量的时间和精力应付杂乱的居住环境。花钱还是花精力？这是一个问题。

对比了几个房源后，我在自己的记事本上画了一张图（如图 5-1），5 分钟之后我决定在公司附近租一间高级公寓。

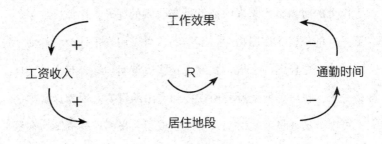

图 5-1 租房位置分析

在这张非常简单的图上，我把居住地段、通勤时间等要素，用箭头联系到了一起。箭头方向意味着前者能影响后者，而箭头上的正负号，则表示前者对后者的影响是正向促进的还是反向压制的。

这个图就是系统循环图。其最大的效果是，用简单的逻辑关系把诸多复杂的因素放在一起分析。比如，在这张图里，居住地段的好坏反向影响了我的通勤时间；通勤时间反向影响着我的工作效果；我的工作效果正向影响着我的收入；我的收入则影响着我的居住地段。这些因素交织在一起，形成了一个正向增强回路（Reinforcing Loop）。

于是，一个很简单的逻辑出现了：如果我能够在居住地段上升级，就会让整个回路增强，因此只要能够负担得起，那么我就应该尽可能地改善居住环境。

当然，这个故事实际上肯定要比我的分析更复杂。比如，工作上的努力是不是真的能够带来收入的提升？比如，如果不把一半的工资花在房租上，节约的钱可以用来干什么？然而，通过这个循环图的分析，我发现这些决策问题综合起来其实就是一个：我该如何配置我所掌控的有限的资源。因为这里唯一不可增减的变量就是时间，所以这成了我最稀缺的资源。在深圳南山这个地方，每个月少赚或者多存1000多元，对个人的生活并不会有实质性的改变。在这里，最不缺的就是关系网和机会，因此把你的时间用于获取其他资源上，才是更为高效的策略。

　　故事本身其实并不是重点，我主要是想借此向大家介绍一种分析复杂环境的逻辑工具。通过这个工具，我厘清了思路，并很快发现了影响决策的关键因素。

由线性逻辑升级为系统循环

　　系统思维让我们可以用另一种视角看待世界，其精髓是用整体视角观察周围的事物，这是处理世界上复杂问题的最佳方式。系统循环图能够展示系统中各因素之间的连接和相互关系。当思绪如一团乱麻时，它为我们提供了一种非线性的因果逻辑分析方法，让我们能超越线性逻辑，进入非线性逻辑。

　　什么是线性逻辑呢？《武林外传》里佟掌柜有一段经典的台词："我从一开始就不应该嫁过来；如果我不嫁过来，我的夫君也不会死；如果我的夫君不死，我也不会沦落到这么一个伤心的地方……"A事件导致B事件发生，B事件又导致C事件发生……这种简单的因果逻辑推理就是线性逻辑。线性逻辑的一个缺点就在于：它没有构成闭环。为什么说这是一个缺点呢?因为线性逻辑只适合单一维度内的单一变量的发展,导致人们错失了其他的可能。

在财富游戏中,闭环往往能催生复利效应。勤劳、节约一直是中国人的传统美德。在过去的30年里,中国人的储蓄率一直非常高。有钱存银行,其实是一个非常朴素的理念,其逻辑如图5-2所示。银行存款越多,利息收入就越多,在复利机制下,利息收入又会变成新的银行存款。在没有外力的作用下,"利滚利"的机制就能一直持续下去。这样的回路闭环,就是巴菲特所信奉的"复利的力量"。

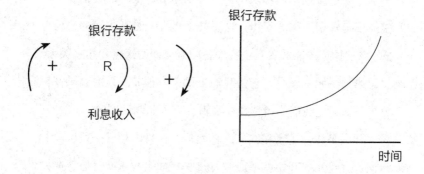

图 5-2　存款的复利效应

5.2 每一个决策，都要经历深层次的复杂思考才行

有一个经典的思想争论：这个世界上到底是"先有蛋"还是"先有鸡"？毕竟，我们没办法重返数亿年前，去进化现场实地观察。对于这个问题，我们不如换一种思维对待。事物的发展本身就是动态的，相生相克、互相促进，把鸡和蛋当作一个同时存在、生生不息的系统就可以了。因此，最重要的不是"先有蛋"还是"先有鸡"，而是在自然界的生存中，鸡和蛋的互相转换构成了生生不息的繁衍系统。

这就是系统思维的魅力之一，它让我们抛弃单一维度的线性向量，不再受限于"始终"，也不用思考"先后"，而是直接从复杂的现状入手。一张系统循环图就构成了一个决策分析的模型。因此，我们可以说，对于复杂情况而言，系统循环图是通用的建模方法。

系统循环图一般包括三个基本的要素：系统中的元素、正负反馈以及各种回路。

系统中的元素就是模型中的关键变量。在画系统循环图时，还要注意，对于系统中各元素的描述应该是中性的。比如，用居住地段这样的中性描述代替高档公寓这样带有色彩的用词。

在循环图中，一个元素会以各种方式和其他元素发生关系，这种关系有正向的，也有反向的。如果限定了色彩，就限制了正反关系的灵活性。

另外，在画系统循环图时，前期不需要做任何主观的价值判断，不要先入为主。你只需要依靠头脑风暴，把能想到的元素都列出来。元素都列好后，你可以尝试将它们连接起来，确定正负反馈。等确定了所有元素之间的关系，你就可以进行回路分析了。

系统中的回路分析

系统中最重要的逻辑关系往往由封闭的回路构成，我们称其为"循环"。在系统循环图里，一个封闭的回路要么是增强型回路（Reinforcing Loop），要么是调节型回路（Balancing Loop）。在本章开篇，我所画的居住地段和收入之间的回路，就是一个增强型回路：居住地段促进工资收入，更高的工资收入又能让我有能力居住在更好的地段。

在只有两个元素的回路中，我们很容易分辨两个元素间是否存在增强关系。然而，如果回路中包含多个元素，我们又如何识别增强型回路呢？有一个最简单的办法：看回路里的负面反馈的总个数是奇数还是偶数。所谓负负得正，如果负面反馈的总个数是偶数，那么它们会互相抵消，从而形成增强型回路，反之就是调节型回路。不同的回路意味着完全不同的发展趋势。

增强型回路：赢家通吃

在增强型回路中，各元素之间是一种互相促进的关系，即"要好一起好，要坏一起坏"。

增强型回路能很好地解释"马太效应"。"马太效应"往往用来形容"强者越强，弱者越弱"这样一种两极分化现象。这种现象在自然界以及人类世界中比比皆是。即使人们努力让资源分配更均匀，"马太效应"依旧不能避免。

20 世纪 60 年代，美国的贫穷阶层和富裕阶层在儿童教育方面（尤其是婴儿早期教育方面）存在很大的差别。在孩子很小的时候，富人就开始着手教育问题，努力开发孩子的智力。穷人则完全忽略了这个问题，进而导致他们的孩子错过关键的智力发育期。这种差别会直接影响不同阶层孩子的未来的竞争力，使得贫富差距的状态一直持续下去。

在这种情况下，美国政府打算充分利用电视的力量缩小贫富阶层在儿童教育方面的差距。美国政府投入巨资，推出一部很出色的早教电视节目《芝麻街》（*Sesame Street*）。教育专家深度介入了该节目的制作，将非常好的育儿理念融入其中。当时，电视在美国已经大面积普及，即使非常贫穷的家庭也拥有电视机，而电视节目作为一种公共信息，贫富阶层的接收成本是一样的。既然每个家庭都会收看电视节目，那么免费的《芝麻街》节目应该能消除贫富阶层在儿童教育方面的差距吧？

然而，最终的结果让人们大吃一惊。《芝麻街》的播放反而加大了穷富阶层在儿童教育方面的差距。因为富裕阶层的人更善于吸收优质的知识，从而以更低的成本提升自己的育儿理念，于是他们对孩子的早教越做越好。贫穷阶层的人则受限于认知能力，无法认识到《芝麻街》的宝贵价值。他们宁愿收看"爆米花"类型的节目，也无法耐着性子陪孩子认真看《芝麻街》。于是，《芝麻街》这样的公共福利性节目，只是让富裕阶层的人获得了更多的育儿资源。

增强型回路只有两种运转方式：恶性循环和良性循环。在实际情况中，一个增强型回路具体表现为恶性循环还是良性循环，取决于回路的触发方式。根据触发方式的不同，所有的增强型回路要么表现为指数级增长，要么表现为指数级衰退。在《芝麻街》的案例里，富裕阶层的人具有良好的判断力，能够认识到《芝麻街》这种节目的价值，于是触发了这种正向循环信号。贫困阶层的回路中则缺失了这一环节。

也就是说，处于不同社会经济地位的人获得媒介知识的速度是不同的。由于社会经济地位较高的人获取有用信息的效率更高，因此贫富阶层在知识上的差距变得越来越大。这就是美国著名的传播学家蒂奇纳（P. J. Tichenor）等人提出的"知识沟假说"（Knowledge-gap hypothesis），也是"马太效应"在知识社会中的一种展现形式。

显然，对于普通人来说，增强型回路的核心还是识别并把握各种正向循环。要做到这一点，就必须不断提升自己的心智。丰富的信息、清晰的思路，这一切将大幅提升我们对于机会的把握能力，帮助我们超越财富游戏中的竞争者，成为"马太效应"的受益者。

调节型回路：万物均衡

在系统循环图中，第二种回路是调节型回路。在一个封闭系统中，如果某循环回路的负面反馈的数量是奇数，那么该回路就构成了一个调节型回路。系统想趋于稳定，就需要一个调节型回路。举一个最为简单的案例："出生人口"和"人口总数"会形成增强型回路，但加上"死亡人口"后，它们就形成了一个调节型回路，"人口总数"因此逐渐趋于稳定。

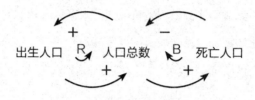

图 5-3　系统中的调节型回路

　　当然，人口的问题不仅仅是出生和死亡两个回路那么简单。技术的发展、社会阶层的分化，以及性别平等水平，都直接或间接影响着人口数量的变动。如果对这个话题感兴趣，你可以搜索更多的信息，不断填充和完善这张关于人口数量的系统循环图，加深对这个话题的理解。

　　通过调节型回路，我们会明白，没有什么是必然持续变好或者变坏的，追求平衡之道才是系统的方向。在世界绝大多数系统里，我们都能够找到相应的调节型回路。如果你认识到这一点，那么你的生活态度就会平和很多。不管遇到再大的事情，你都不会惊慌失措了，因为你总能找到一个调节型回路来平衡。

决策中的维度升级

你一定听过"蝴蝶效应"这个词，人们往往用非常诗意的方式对它进行描述："在亚马孙河流域的热带雨林中，一只蝴蝶偶尔扇几下翅膀，就可能在几千公里外的美国引起一场龙卷风。"人们通常用"蝴蝶效应"指代世界的一个底层规律：万物皆有联系，不可孤立看待。

通过系统循环图，我们可以超越"线性思维"，将各种复杂因素连接起来，更全面地把握系统性关系。在租房时，通过循环图，我发现时间是我提升收入的最大制约因素。因此，在决策时，我就从这一点上寻求突破。如果是更复杂的情况呢？如果局面很复杂，并不是一个简单的回路能够概括的，这种情况下，我们该如何突围？

接下来，我将把租房和银行存款两个回路融合起来，进而组成一个更全面的故事。对于收入有限的我来说，居住地段直接决定着租金，而租金和银行存款之间存在着负面反馈。同时，如果工资收入能提高，那么我的银行存款就会更多一些。因此，除了"居住地段和工资收入""存款和利息"这两个增强型回路外，我将加入围绕租金的调节型回路，该回路将把前两个回路连接起来。

正如前面所说的，调节型回路会让整个系统趋于动态平衡。因此，如果维持这个系统，那么我的工资收入很快就会遇到瓶颈，然后生活进入稳定的状态。

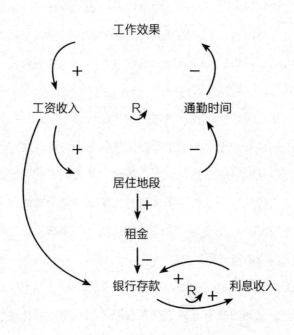

图 5-4　加入租金的系统循环图

当然，如果我热爱自己的工作，又没有额外的经济需求，那么维持这种状态也挺好。不过，假设我还是想寻求突破，想把自己的生活提升至更高的层次，我应该从何处寻求突破呢？

对于一个已经处于动态平衡的系统，我们该如何寻求突破点，构造新的平衡？

要给一个系统找到新的模式，可以从内外两个方向来思考。对外，我是否可以加入新的元素，构成新的关联，甚至建造新的闭环？对内，我如何精准定位核心限制因素，从而找到关键约束点？

对外：从外界出发，增加新的元素和关联。

基于这个思路，我就应该多考虑增加工资之外的收入。比如，我是否能增加副业收入？当时我的做法是，寻找大量文案工作。最后，我的副业收入就足够支付房租了。另外，我还会兼职英语老师，教托福、雅思。虽然这些工作的收入不稳定，但它们都丰富了我的个人经历，让我有机会接触到其他"风口"。

对内：我的资源存在哪些关键约束点？

在我的系统循环图里，时间是关键要素。虽然副业可以让我增加收入，但忙起来时我需要没日没夜地工作。在大病一场后，我痛定思痛，决定重新设计自己的人生模式，更换职业赛道。从此，我的人生模式就彻底改变了。在新系统中，原来的约束点自然就不复存在了。

有时候，人们会陷入一种无力状态。生活像一团软塌塌的棉花，即使自己想努力，也找不到着力点。这个时候，如果想摆脱这种局面，你就必须对自己的情况进行一次冷静而全面的分析。按照系统循环图的形式，把元素、关系、回路都画出来，然后不断推敲，你肯定能找到突破口。

作为一种分析工具，系统循环图没办法提供完美的标准答案，它提供的只是最可行的方法。通过系统循环图，你的视野将被打开，你会综合考虑各种因素。因此，对于系统循环图而言，你想画多大就可以画多大，只要能够把各元素的位置和关系梳理清楚就行。

逃离决策中的短视

对于一项决策而言，从短期看，往往都是个人的最佳选择。然而，如果换成长期视角，它们就或多或少存在巨大的缺陷。虽然系统循环图能帮助人们厘清复杂的关系，但它很难解决"短视"问题，因为存在"延迟"问题。

蝴蝶扇动一下翅膀，并不会立即引发几千公里外的龙卷风。在系统中，各元素之间的影响并不是瞬时性的。即便租赁了离公司很近的高级公寓，我的工资收入也不会立即提高。各种回路的启动都需要时间，这个过程可能很快，也可能很慢。如果启动回路需要耗费很长时间，我们就认定这个系统存在"延迟"。

人类的短视和自私，很多时候也可以用"延迟"来解释。

2019 年诺贝尔经济学奖得主阿比吉特·班纳吉在《贫穷的本质》一书中描述了这样一个案例：在印度的贫困地区，大多数人的生活环境非常恶劣，吃不饱饭，上不起学。虽然社会中存在各种接受教育的机会，但当地人都不愿在这件能改变命运的事情上投资。一旦有了点儿钱，他们所做的第一件事就是购买电视机。为什么会这样呢？

一方面，贫困阶层的人的生活是非常艰辛的，可以说是度日如年。另一方面，由于缺乏合适的工作机会，他们又很难摆脱无所事事的漫长局面。于是，有了一点儿积蓄后，他们就会选择购买电视机，以此逃避生活的苦闷。这样，贫困就构成了一种负面循环：越沉迷于电视娱乐，用于学习的时间越少，进而导致不可能从现实世界得到正向反馈；越缺乏正向反馈（无论是金钱，还是价值感），越容易沉迷于电视娱乐。

读过本书后，任何人都能提笔画出一张系统循环图，并发现教育与收入之间的增强型回路。为什么印度的贫困人群不懂这个道理呢？因为教育和收入之间存在"延迟"。

对于教育的投资，并不能立刻产生回报。一个家庭可能要耗费 20 年才能培养出一个受教育程度很高的孩子。对于这样漫长的"延迟"，一个家庭如果缺乏前瞻性眼光，就会相当难熬。

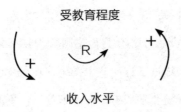

受教育程度

收入水平

图 5-5 教育与收入的系统循环图

事实上，印度贫困阶层中出现的情况，在我们身边也随处可见。我有一个朋友，她长得非常漂亮，也颇有天资。她很早就结婚了，但婚姻并没有维持很久，最终她患上了抑郁症。我曾经以为，她家里的经济条件可能不太好，因此导致她错过了教育机会。可事实上她母亲通过做生意赚了很多钱，但因为短视，她母亲不愿意在女儿的教育上投资。

在心理学领域，有个非常著名的"棉花糖实验"：在小朋友们面前放一个香喷喷的棉花糖，然后让小朋友们和棉花糖独处 10 分钟，小朋友们可以选择吃掉这个棉花糖，也可以选择不吃。如果选择不吃的话,10 分钟后,他们就能获得两个棉花糖。

最终的结果是，有的小朋友完全控制不住自己，实验人员一离开，他们马上就把棉花糖吃掉了；有的小朋友会一直盯着棉花糖，但经过激烈的思想斗争后，他们还是没有忍住；还有一些小朋友则坚持到了最后，并得到了两个棉花糖的奖励。

七八年后，通过跟踪调查，实验人员发现，那些选择"忍耐"的小朋友（赢得两个棉花糖的小朋友），在自控力、学习能力、人际交往方面，都要显著优于那些迫不及待地吃掉棉花糖的小朋友。

这项实验后来引发了很多争议，其研究结论也受到了质疑。比如，有人认为"吃棉花糖"对不同小朋友的意义可能是不一样的。然而，由"棉花糖实验"所得到的结论，能够合理地解释"印度贫困阶层购买电视机"这种行为。因此，如果想真正做出完美的决策，除了懂得如何运用系统循环图外，我们还必须养成"忍耐"的品性。想规避"延迟"造成的"短视"，我们就应该懂得"延迟满足"。

5.3 1+1>2，化零为整，万物皆可系统化

当你能把碎片化的信息整合到同一个系统里时，你所能获得的有价值的信息，将远远大于那些碎片化信息的简单相加。跳出狭隘的视角后，你会发现，万物皆可系统化。

大脑本身就是一个系统，其基本组成单位是神经元。脑科学家普遍认为，神经元的活动以及神经元群的连接模式决定了人类的感知、思维、情感、意识等心理活动。单个神经元的功能其实是很有限的，然而，由它们组合成的大脑系统则具备各种各样非常复杂的功能。尽管至今还没有人能完全解释神经元到底是如何做到这一点的，但脑科学的发展还是大幅提升了我们对于大脑系统的认知。比如，比较原始的边缘区控制着人们的情绪活动，新皮层则负责人类的理性。

　　城市也是一个复杂的系统。虽然它由商业区、住宅区、道路等功能区域构成，但城市本身的内涵显然远远超过这些功能区域的简单相加。以道路为例，即使两座城市的人口差不多，城区面积差不多，但其道路的拥堵情况可能完全不一样。显然，想解决拥堵问题，就要把整个城市当作一个系统来考察，不仅要考察车辆保有量、道路等要素，还要考察人口分布、出行流向等要素。只有从市政规划的总体角度考虑，交通拥堵这个问题才能得到解决。

　　每个人的人生其实也是一个复杂的动态系统。学业、事业、婚姻、健康……它们总是相互纠缠在一起，最终形成了你的人生。关于财富，社会中存在很多"道理"，它们往往都体现了"非黑即白"的思考方式。这些"道理"会遮蔽人生本身的丰富性，挤压你的决策范围。因此，对于这些，我们应该持有一种分析的态度，从人生系统的角度进行思考。从系统角度来说，一个有活力的人生，应该具有以下两个特点：

· 开放的边界：迭代的接口

· 长生命周期：训练延迟满足

基于这些，我形成了自己的决策原则：当不知道走哪条路时，就走出口更多的那条；当拿不准是否应该下手时，就再等等。

前文提到过，在设计系统前，你首先应该划定问题的范围。比如，如果要设计一个车站，你就需要分析当地的环境和天然优势，并知道应该规避哪些风险。不过，划定范围并不等于封闭边界。建设车站，你要考虑车站的占地面积和辐射面积，这就是在划定范围。然而，车站每天都在迎接来自其他地方的列车，装卸来自全国各地的货物。正是来自世界各地的新材料，支撑了车站所在城市的发展。系统通过与周围进行能量和信息的交换，来维持系统的生命力，人生也是如此。

我父母早年做生意，四处谋生。由于这个缘故，我也必须跟着他们在不同的地方生活，而每到一个地方我都需要快速适应当地的环境，这一度让我很困扰。比如，早年普通话还不普及，南方各地方言众多，几乎"十里不同音"。有些词在某地是夸奖人的溢美之词，到了隔壁城市就成了骂人的污言秽语，我还为此闹过笑话。渐渐地，我发现，我不仅需要能迅速地听懂，更要适应不同方言背后的语言逻辑，这样才能真正地和当地人交朋友。人是环境的产物，但是人的观念一旦形成，就会倾向于巩固自身：接受那些与自己相符合的东西，排斥那些与自己相抵触的东西。因此，要做到"开放"其实并不容易，你需要积极拥抱不同的环境、不同的观念、不同的生活方式。然而，一旦你具有了开放的能力，你就会拥有更灵活的适应能力、更敏锐的判断力和更多的机遇。

万事万物有生有灭，有始有终，一个系统也是如此。如果以人的一生来定义生命的边界，那么沉浮几十年便是一个周期；如果以精神价值为边界，一个人的影响力便可以超越有限的寿命；如果以基因的存在为边界，那么一种基因可能已经存在了几十万年。从一开始就基于结局来做规划，这种方式可以让你强化自身"延迟满足"的定力。

想想小时候，你并不知道学习有什么用，因此觉得学习非常枯燥。长大后，真切体会到了教育的重要意义，你就会后悔当年自己没有用功。同样的道理，对于人生，如果你有系统性规划，那么很多在当下价值不大的事情就拥有了全新的意义。

巴菲特在商学院演讲时说道："我可以给你一张只有 20 个打孔位的卡片，这样你就可以在上面打 20 个孔——代表你一生中能做的所有投资。一旦你在这张卡片上打满了 20 个孔，你就不能再进行任何投资了。"如果普通人愿意接受巴菲特的建议，那么他们的投资收益率就会大幅提升。巴菲特还曾说过，从一开始，他就准备捐掉自己的绝大部分财富。然而，在捐赠时间的选择上，他却有自己的看法。他认为，在他的掌控下，资金增值的速度会更快，那么最终他将有更多的财富可用于捐赠。

显然，不管是对于市场，还是对于人生，巴菲特都持有一种系统性看法。这种系统性看法让他克服了各种"短视"决定，从而成了财富游戏的绝世高手。

第六章

闭环，商业大佬都在找的答案

只要是通过竞争来获得赚钱机会，事情就没有想象中那么难。因为在竞争中，80% 的人坚持不到终点，"半途而废"就能帮你干掉大多数竞争对手。当然，这个说法的前提是，你自己不是"半途而废"者。在漫长的奋斗之路上，坚持下来非常不容易。但很多时候，竞争并不是拼"毅力"，而是拼"能否找到闭环"。

　　什么是闭环？就是能给你带来正向结果的完整操作路径。投资的目的是赚钱，赚钱就是正向结果，能够维持这种结果的模式就是闭环。赚到钱，你就有更多的钱来投资，从而赚到更多的钱……我们需要找的闭环，应该具有放大正向结果的效果。

6.1 财富真相：收入呈指数增长

在第 5 章中，我分享了做系统循环图的方法，接下来，大家还需要学会做数据分析。只有懂得数据分析，你才能理解财富积累的不同路径。为了活着，大家都必须赚钱，但每个人赚钱的方法是不同的，这就导致了人们有着完全不一样的收入。

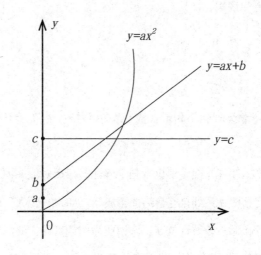

图 6-1 三类工资增长函数示意图（a、b、$c \geqslant 0$）

如果一个人靠拿"死工资"活着，那么他的财富积累曲线就是一个常数。对于医生、律师或投资顾问来说，随着自己的经验和人际关系的积累，他们的收入隔一段时间就会增加，那么其财富积累曲线就是"斜率为 a"的一元函数。

财富在短时间内急速增长，这种增长方式则可以用指数函数来表示。要实现这种方式，关键在于你能否在商业模式中找到闭环。我们可以用系统循环图的方式把商业模式画出来，然后以量化的方式计算收入回路，以此测量它的增长速度。不过，对于普通人来说，我们并不需要那么精准，重要的是理解方法背后的思想和逻辑。

止损

人们经常会听到一句话：成功源于坚持。然而，事实是，所谓的坚持只是一种表象，关键要看坚持什么。如果一个人有很敏锐的眼光，并且在现实中也得到了验证，那么对他来说，能否坚持下去就直接关系到自己最终能否成功。如果一个人只是为了坚持而坚持，那不如早日放弃。以创业为例，世界上的创业成功率不超过 5%，也就是说，绝大多数创业者都会以失败告终。在看不清未来的情况下，"放弃"才是更明智的决策。怎么判断自己是否应该坚持呢？关键在于自己是否找到了闭环。

我毕业回国第一年，有幸收到了一个创业团队的邀请，他们主要做线上语言教育。当时他们缺一个品牌运营方面的负责人，因此希望和我好好谈谈。创始人的背景非常优秀，美国常春藤名校毕业，还有在华尔街投行工作的经历，而且他们的项目已经拿到了天使投资。当时其产品已经基本成形并上线。于是，我以最快的速度飞到北京，和创始人见面。

创始人思路清晰，对产品的盈利方式也很有规划，我们之间的沟通也完全没有问题。然而，我并没有选择加入他们。最重要的原因在于，我发现这个项目在商业模式方面没有踩在正确的趋势上，找不到闭环。

当时，我注意到这个项目存在一个非常大的风险：它们所提供的产品都是围绕网页端进行的，而现实是流量正大规模涌向移动端。在移动端上，他们没有任何准备和布局。

我跟创始人沟通说："现在已经步入移动端时代了，用网页端的人必然越来越少。在移动端，公司是否应该提前规划一下？如果能顺着流量涌动的方向找到一个闭环，那就能形成指数增长模式。"

然而，创始人告诉我他们没有这个想法。在我看来，他们的商业模式是残缺不全的，这很可能导致整个项目达不到预期的盈利，经营不下去。因此，我没有选择加入。

虽然从表面上看，是否布局移动端，只是产品和服务形式的问题，但实际上这体现了项目创始人是否有足够广阔的市场视野，是否真的在追求商业模式的闭环。

闭环这个词是从 O2O（Online to Offline）领域火起来的。当时正值互联网产业蓬勃发展的时期，所有行业都在找"线上—线下—线上"的商业模式。比如，你在美团上看到了商家的优惠折扣广告，然后去这个商家的线下店消费。对于美团这种线上引流方来说，它还是希望在线下消费的人也能在平台上留下痕迹，并且在平台上进行更多的消费。

因此，美团开始推出优惠券兑换码，跟踪支付记录，并逐步围绕流量进行二次开发。通过构建这样的闭环，美团把线下商家囊括进了自己的流量循环中，并且从中分享商家的利益。最终，美团成功地在线下服务行业中占据了优势地位，有了流量的分配权和谈判主导权。

在梁宁的"产品思维三十讲"课程里，她提到了三级火箭模式，其中第三级火箭就是商业闭环。比如 360 的商业三级火箭，第一级火箭是免费杀毒工具，第二级火箭是安全网络平台，而第三级火箭就是它打造的商业闭环，即基于安全浏览器和网址导航的广告获得利润。这样的三级火箭模式，还可以解释百度、搜狗和小米等企业的商业战略和发展逻辑。

因此，根据梁宁的表述，你可以把闭环简单地理解为支撑企业盈利方式的内在逻辑，并且也是企业实现指数增长的支点。就如很多高手所说，赚钱的时候，觉得钱一下子蜂拥而来，挡都挡不住。

闭环的精髓：高效反馈，局部迭代

那么，对于个人而言，我们该如何充分利用闭环呢？用一句话概括就是：以最小成本完成，准确获得反馈，并且局部快速迭代。

在创业领域，《精益创业》（*The Lean Startup*）是影响力很大的一本书。这本书提出了一个核心的概念——MVP（Minimum Viable Product，最小可行性产品）。所谓最小可行性产品，其核心就在于快速找到闭环。

《自然》（*Nature*）曾发表过一篇文章《通过科研、创业和安保来测量失败的动态性》（"Quantifying the Dynamics of Failure Across Science, Startups and Security"）。这篇文章很有意思，通过研究创业公司、科研投稿和安保这三个完全不相干的领域的数据，作者发现，对于成功完成一件事情而言，运气和学习都不是关键因素。那么关键因素是什么呢？是快速闭环，然后获得反馈，并以此指导局部的模块化迭代。对此，这篇文章总结了三个步骤：

1. 把整件事情拆解成不同模块。
2. 快速学习，获得对模块的评价。
3. 局部换掉不好的模块，加速迭代。

在这个过程中，因为人们往往会钻牛角尖，形成一种虚幻的自洽，因此学习在很多时候会处于无效状态。要打破这种局面，就需要进行整体设计，在闭环上设置更多的反馈接口，以此发现局部存在的问题，然后快速迭代。

我刚开始做视频号时发现，有些视频号仅仅通过搬运漂亮风景、经典老歌或搞笑视频就拥有了大量流量。但是这些视频号都会面临同一个问题：用户黏性不高，找不到很好的变现模式。显然，这种获取流量的方式并不值得学习。无法快速找到赢利点，就没办法完成闭环，其结果就是看不到尽头的亏损。显然，如果在赢利上没办法完全闭环，那就证明实际情况与你最开始的设想有差异，这个时候你就应该让运营策略快速迭代。

在《自然》杂志的那篇文章中，作者专门研究了科研论文的发表情况，并揭示了快速迭代的方法。他们发现，把文章快速写好，然后快速投稿，这种方式最容易让自己的文章发表成功。

期刊收到文章后，通常会把它送到审稿人那里。因此，即使文章被拒绝，你也可以收到审稿人的批改意见。你可以根据这些意见快速修改文章，然后快速再次投出。通过这种方式，经过反复修改，文章将会越来越完善，从而达到发表的标准。

过于追求完美的人，总是不愿把文章投出去，这直接导致他们的文章发表率极其低。也就是说应"快速完成，快速投稿，不断局部修改"，运用这种策略的人，其胜算要比其他人高数倍。这是非常显著的差异了。

因此，在做事情时，就像滚雪球一样，快速形成"核"，然后迅速推动起来，这一点非常重要。在这个过程中，你可以不停地调整方向，以保证雪球非常圆。在创业中，一旦发现一个商业模式或机会，你就应该快速去市场中进行验证，看能不能形成闭环。不要管产品是不是很完美，而是要先让市场测试一下产品核心的东西。如果核心的东西不能形成闭环，那么再完美都是多余的。如果事实证明产品核心的东西符合市场的基本逻辑，那么就可以根据市场反馈不停迭代，让产品越来越好。

6.2　重视别人的消极意见，你才能发现市场真相

不管做什么事，我们都应该不断地思考两个问题：

我做事的方向对吗？

我是用正确的方法在做事吗？

在做事情的时候，人们很容易陷入虚幻的自洽。比如说，当做一个产品时，我们总会认为它势必会成为一个伟大的创新，市场对它存在着巨大的需求，只要我们把产品做出来，肯定会成为"爆款"。最终的结果往往是，产品投入市场后，我们原以为的目标用户并不买账。这时候，你就会面临极其艰难的选择：是加大营销投入，培养用户习惯，还是投子认负，及时止损？

一百多年前，美国有一家报纸《星期六晚邮报》（*The Saturday Evening Post*），该报纸的主要读者是工薪阶层。帕林（Parlin）是这家报纸的雇员，主要负责推销广告位。他瞄准了一家罐头厂。然而，罐头厂商认为自己的目标客户是"愿意出钱买方便"的高收入人群，而晚报的受众仅仅是工薪阶层，这些人宁愿自己煮汤，也不会花10美分买一瓶罐头。因此，帕林被拒绝了。

当然，帕林没有放弃，他翻遍镇上的垃圾场后发现，工薪阶层生活圈产生的罐头垃圾，居然比富人区多很多。经过分析，他指出，高收入的富人可以雇人为他们备饭，根本不会去买罐头，而那些工薪阶层因为生活太忙碌，通常会选择能节省时间的罐头。

一百多年前，在根本不了解客户群体的情况下，罐头厂依然正常运转。然而，在当下数据信息快速流通的商业环境中，如果缺乏市场调查，罐头厂早就倒闭了。这个时代，千万别认为市场上还有只有你能发现的机会。虽然每个人把握机会的能力不一样，但也别轻易认为，自己就能干成"别人干不成的事情"。自认为的事情现在都是不靠谱的，关键还是要调查和测试。

在做财经博主初期，我就着手分析了做这件事情的可行性。我做了一个商业模式的调研，将市场上现有的视频号商业模式分为两种：一种是内容和社区知识付费，另一种是广告和电商。

内容和社区知识付费模式的优点是口碑好，可以沉淀优质的用户。从缺点角度来说，每个人都会遇到内容枯竭这个瓶颈，因此其后期拓展新用户会很困难。

它的运作策略是拥有两三个核心产品、核心标签，不做那种很容易被抄袭的内容。这种模式维系于两大要素："内容的信息量"和"对用户的维护"。输出的内容越优质，用户黏度越高，视频号就越有价值。

广告和电商策略的优势在于，它拥有持续稳定的流量。从劣势方面来说，如果博主唯流量马首是瞻，其输出的内容很容易同质化，有随时被替代的风险。缺乏独立存在的价值，其粉丝黏性就不可能太高，因此原创和广告内容一定要保持平衡。它的运作策略是团队作战，可以孵化一堆账号，形成矩阵，然后互相引流。

在进行了方向性的调研后，我开始了验证工作。首先，我拜访了大量行业参与者，甚至找到了自己潜在的合作方，去了解整个行业的游戏规则。接着，我开始规划商业模式。当时，我有三种不同的思路：带货、知识付费、类似樊登读书会的阅读社群。

然后，我拿这三种思路和不同的人探讨，去收集反馈。说实话，这个过程并不是一帆风顺的，总会有人对此不感兴趣。虽然这样的反馈会让我心里不舒服，但我知道这些反馈都很有价值。

千万别排斥别人的消极意见，走到现在，我的经历告诉我，依靠这种意见，你才能发现市场的真相。这也正是寻求他人反馈的初心。带着这样平和的心态，我在他人反馈的基础上不断地调整自己的方向。

对于试错这个问题，我有三点忠告。

第一，尊重事实。无论做什么决策，一定要有真实的场景、有效的数据做支撑。无论谁向我推销想法，我都要先测试一下有没有真实的需求，有没有数据做支撑。要基于事实，精准地了解具体场景，构想用户会在什么场景中需要你的产品，并愿意付费。只有经过试错的想法才能打动我，落地工作才会更顺利。

第二，经得起"5 why"的追问。"5 why"是丰田很有名的一套管理方法，其核心含义是，无论遇到什么问题，人们都应该先问5个"为什么"。顺着这些问题，人们就能找到问题的根本。

为什么要这么做？为什么会有这样的想法？因为通过成体系的问题的引导，你就能系统化地思考整件事情的来龙去脉。

我的导师是丰田全球研发中心的高管。我现在还记得，他曾很骄傲地跟我们说，丰田的每个人都会使用"5 why"。当时我觉得这个工具有那么重要吗？然而后来我才意识到，它确实很重要。为什么有人会付费？为什么这会是一个规模不小的市场？为什么你能做这件事情？为什么你要花这么多钱？为什么要拿投资人的钱？多问自己几个为什么，很多解决方案就会自然出现在你的脑海里。

第三，精准定位。我们要能够在横向和纵向逻辑上找到精准的定位点。简单来说，横向逻辑就是，通过分析竞争对手、同类行业及替代品，基本确定自己的位置。比如，如果我做自媒体，那么我就会研究所有的自媒体变现方式。纵向逻辑则是，对于一件事情，你打算做得多深入。比如，如果我想成为带货主播，那么我围绕某一些品类能做到多深。只有在横向和纵向两个方向上，你都确定了自己的位置，你才会明确自己适不适合从事某一件事情。

螺旋式上升，万物增长本质

巴菲特有一句话："要做时间的朋友。"然而，时间愿不愿意和你做朋友，关键还在于你能不能围绕未来趋势构建闭环。在这里，我将为大家介绍一个蛛网形的螺旋模型（Spiral Model），如图 6-2。那这个模型具体该怎么理解呢？我们可以以微信的螺旋式迭代作为案例来说明一下。

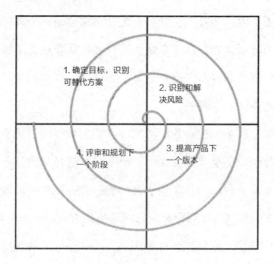

图 6-2 蛛网模型

刚开始时，微信的主要竞争对手是米聊——小米的一款聊天软件。你会发现，微信总是在螺旋式前进。每一个拐点、每个转折点，它都会尝试一次突破，然后逐渐占据市场，进而战胜米聊。

微信处于 1.0 版本时，微信只能发文字和图片，那个时候米聊已经能够发语音了；到微信 2.0 版本时，微信增加了语音和群功能，并附带了"摇一摇""漂流瓶"等工具，进而实现了流量倍增；到微信 3.0 版本时，微信开始导入 QQ 的流量，进而就把米聊远远地甩在了身后；到微信 4.0 版本时，微信开始着手建立自己的护城河，开启了微信公众号和朋友圈功能，从而形成了一个庞大的生态圈。

另外，值得一提的是腾讯的智慧新零售。我很看好视频号，很重要的一个理由就是，即使现在它的流量不像抖音那样大，但它构建了一个闭环。这个闭环的核心就是智慧新零售，它将打通公众号、企业微信、视频号、小程序等基础设施，从而形成流量的内部循环。

想驾驭蛛网模型，就必须从一开始就具备周期意识。任何事情的进展都是有周期的，包括人生。任何事情都不是沿着笔直的道路推进的，而是由不同阶段累加而成的。每个阶段都有独自的发展周期，有类似的发展过程。前一个阶段为后一个阶段构建了基础，如果其进展得不充分，那么后一个阶段就很容易塌陷。同理，如果在某一个阶段形成了死循环，那么事情就会停滞不前。

本章开头，我曾提到过一个线上语言教育项目。我之所以没有加入，就是因为觉得其创业者看不到行业的发展趋势，在流量越来越向移动端集中时，他们却对此毫无布局。如果我来做这些事情，我可能会先建立一个社群，把学日语的人圈起来，并提供各种服务。把这方面的工作做扎实后，我才会投入精力去做网站。服务才是最能为用户提供价值的地方，网站只是扩大服务对象的平台。显然，如果服务这个阶段没有做透就急急忙忙去做网站，只会分散精力。

我曾做过一个训练底层认知的社群"宝识社"，旨在帮助社员提升自己的判断能力、规划能力和打磨产品的能力。虽然"宝识社"只延续了三期，但反响很好。为什么呢？就是因为它在沿着蛛网模型快速迭代。

第一期"宝识社"主要是搭建框架，课程集中于底层逻辑的探讨，解决的是产品的核心价值问题。从第二期开始，我逐渐增加了案例，从而让它更容易被社员理解和接受。结果，PPT 越做越多，从十几页做到了三十几页。第一期解决的是内容问题，第二期解决的是表现形式问题，第三期解决的是延伸思考问题。

6.3 转变思维找准方向，方向比努力更重要

世界首富这个名头，巴菲特享受过很长一段时间，他旗下的伯克希尔·哈撒韦公司也是世界上最赚钱的公司之一。世界各地的投资者都试图学习巴菲特的投资之道，成为一个价值投资者。然而，如果一个人真信奉价值投资，就不能奢求一夜暴富。在现实世界里，事物的价值往往会被世人误判，而时间会让价值回归，因此真正的价值投资者应该"与时间交朋友"。然而，在现实中，大多数投资者都属于误判事物价值的"短期主义者"。这主要是由思维局限造成的。如果能够搞懂闭环和周期，那么你就很容易突破认知视野，成为时间的赢家。

知乎上有一个很受大家关注的问题："既然很多工作员工35岁就会被裁员，那么在一个领域深耕的意义是什么？"我在21岁即将毕业时就思考过这个问题。当时我发现，如果能力单一，自己未来就会面临巨大的不确定性。

8年多过去了，现在我对这个问题有了全新的认识。一直以来，对"在某个领域深耕"，很多人是有误解的。其实，"在某个领域深耕"并不是"只打磨某一种技能"，其本质应该是扎进某个行业，和这个行业一起演化，追求周期的共振效应。

最理想的状态是，你的事业发展黄金期能和行业发展黄金期重合，从而获得最优厚的行业红利。因此，很多时候，踩准行业的节奏，远比"打磨某种职业技能"更重要。

这才是深耕的意义：增加你对行业的理解，当你所在行业出现机会时，你能比别人更快地把握住。每一个行业都有它的周期和市场起伏，在一个行业深耕的正确方式，就是在深刻理解行业规律的前提下，积累好资源和经验，进而把握住行业的风口。

方向比努力重要，而如果想找准方向，就需要转变思维。人们首先应该超越钻头思维，扩展自己的视野，而不是聚焦于某一点，一味地往深里钻。每个人都应该转换思想的焦距，搞清楚行业的发展周期。

我多次复盘过父母那辈人的经历，得出一个让人难过的结论：并没有什么技能或职位能保证你一辈子安稳。我妈当年找对象的时候，最吃香的是出租车司机。当时因为牌照少，这个行业近乎被垄断，因此他们的收入非常高。然而，没过多久，出租车行业就不景气了。这种"不景气"的剧情，在各工种、各行业中反复上演。时代处于急速变化的节奏中，很多行业可能转眼就被淘汰了，那些"错位的人"必然会成为牺牲品。

如果不想被时代抛弃，人们就必须具备强大的学习能力，能持续迭代、更新。这个过程无疑是非常考验人的，因为你必须始终不断地进行自我激励，并在这上面花费大量精力。如果你想彻底摆脱这种永无止境的游戏，那最好抓住一次机会积累足够的财富。财富可以转化为资本，而资本则很容易转移到那些处于风口的行业。

赢家的特质：目光深远，长线投资

为什么程序员过了 35 岁，职业生涯就会越来越坎坷？为什么律师、医生或金融从业者却不存在这个瓶颈？

之所以出现这种差异，核心原因在于大部分程序员掌握的社会资源太少。无论是律师、医生，还是金融从业者，随着资历的增加，他们在社会系统中的渗透度会越高，进而掌握更多的社会资源和社会关系。程序员则主要依靠自己的智力解决某一个具体问题。而且，由于编程技术发展很快，一旦学习能力下降，他们的竞争力就会大幅下降。因此，对于普通程序员来说，他们的工作缺乏长期效应。

现实的挑战在于，要从事具有长期效应的工作，我们就要承受短期的损失。我们的时间和精力都是有限的，熟练的东西很容易形成舒适区。然而，如果想具有远见卓识，我们就必须跳出舒适区。这个过程无疑会让人很痛苦，就像脱了一层皮一样。

另外，想获得长期收益，就要把我们现在拥有的资源转化为资本。比如，当下少消费一些，你就可以用节省下来的收入购买理财产品或置办房产。除了将钱转化为有形资本，我们还应该学会投资其他无形资本，比如"关系资本""认知资本"，这些都能给我们带来持续的长期收益。很多人嘴巴上都说自己信奉价值投资，但他们往往缺乏耐心。贝佐斯曾经问过巴菲特一个问题："价值投资这么简单，但为什么别人就是不学你呢？"巴菲特回答道："因为没有人愿意慢慢变富。"

为什么人们做不到"慢慢变富"？其实，除了耐心，"慢慢变富"还需要眼光、判断力以及冒险精神。所谓冒险精神，就是敢于放弃眼前的确定性，而承受未来的不确定性。《科学》（*Science*）杂志曾刊登过一篇文章，专门探讨"穷人心理"这个问题。研究人员发现，个体的财富数量往往与其风险偏好和时间偏好有密切关系。相比贫困阶层，富裕阶层的人更喜欢冒险，并且更有耐心。他们愿意投资未来的机会，从而获得更丰厚的回报。

当然，冒险精神绝不是匹夫之勇，它与人们所积累的资本密切相关。资本越雄厚的人，其承受力越强。他们投资时，即使有损失也没关系，因为这并不影响他们的生活。另外，如果你积累了各种资本，那么有的事情可能对别人而言很难称得上机会，但对你就完全不一样了。比如，你的人际关系很活络，因此很多事情对你而言成本会降低，你就比别人更有可能获得成功。巴菲特经历过很多重大投资，因此他对很多事情的认知比别人更敏锐。

那么，我们应该重点投资什么领域，从而获得能带来长期收益的资本呢？

投资健康，身体健康是革命的本钱。"身体是革命的本钱"，这句话虽然很老套，却是至理名言。这方面的例子大家应该都遇到过不少。我曾认识一个清华博士生，他在很年轻时就因为疾病离世了。每次我参加这样的葬礼，内心都无比难受。在这个世界上，生命才是最宝贵的财富。然而，这种财富平时在很多人看来是免费的，因此人们往往并不珍惜。健康是需要进行日常维护的，只有不断地投资，它才能成为让我们长期获益的资本。

训练底层能力和综合能力。就我个人的教育经历来看，对于我的职业生涯而言，拥有一技之长只能帮助自己维持基本的生活水准。通过努力在专业领域获得成就，这当然很值得尊重。然而，如果想提升对财富的掌控能力，你就必须具备其他的底层能力和综合能力。我认为最有用的底层能力是逻辑思维能力、系统思考能力和快速学习的能力。综合能力则代表着整体素养，包括格局和视野、社交和领导力，以及创造力和勇气。

理解社会规律，顺势而为，借势而起。在这个社会中，人们经常接受各种被加工过的碎片化信息，因此会产生一种"我也理解了社会规律"的错觉。事实上，社会规律根本没那么简单。以教培行业来说，互联网线上教育曾被视为一个巨大的风口，我身边也有不少朋友加入这个赛道。然而，2021 年 7 月，国家颁布双减政策，致力于减轻义务教育阶段学生的各种负担。于是，整个行业的存在逻辑一下全部改变了。如果一个行业的发展动力是家长的焦虑，那么它可能具有光明的前景吗？因此，想成为长线投资的赢家，你一定要具备理解社会发展规律的眼光和判断力。

第七章

掌控人性的高手, 在财富博弈中获胜

世界是由人构成的，而每个人都受到人性的控制。通过人性，我们能理解其他人，从而把握创造财富的驱动力量；通过人性，我们还能理解我们自己，从而弄清财富分配的内在机制。正是围绕人性这一点，我们和市场构建了一个相互作用的通道。对于财富积累来说，人性的弱点会阻碍财富积累。通过心智力方面的修炼，我们就能成为掌控人性的高手，进而在财富博弈中获胜。

7.1 你的弱点，早晚会成为别人狙击的目标

财富分配上的博弈，就是"人性掌控力"的博弈。利用其他人所表现出来的人性弱点，并规避人性弱点可能对我们自己造成的损害，我们就能在财富积累游戏中占据非常有利的位置。

其实，在生活中，各类商家针对人性的弱点做足了文章。街边的夹娃娃机、各种电子游戏、各式各样的促销活动、五花八门的宣传广告……这里面都暗藏着对人性弱点的利用。尤其是金融市场，可谓将人性弱点放大到了极致。接下来，我们来看看，在股市里，财富是怎么围绕人性分配的。为什么有人总是盈利，另一些人却不停亏损呢？

在非洲草原上，猎人们很熟悉动物的行为习性，因此他们就会围绕这一点进行捕猎。在股市里，很多人也在干类似的事情，只不过其目标换成了散户投资者。

如果你在股市待过，肯定听说过"涨停敢死队"。根据交易所规定，涨幅或跌幅靠前的个股，其交易量最大的证券营业部会被公布。曾经有一段时间，宁波有一家营业部经常上榜。这说明该营业部中有机构专门运作涨停的股票，于是，市场人士都称这家机构为"涨停敢死队"。

该机构很快就引起了上海证券交易所的注意。随后，交易所委托高级金融专家对"涨停敢死队"的操作进行了详细分析，并发现了他们套利的手段。

他们的操作策略为：在第一次达到涨停后买入，然后在第二天卖出。他们85%的买入指令发生在股价第一次触及涨停板的一小时内，其中有超过一半的买入指令发生在股价第一次触及涨停板的 5 分钟以内。

这种做法并不违规，因为他们不是通过交易把股票拉成涨停状态的。他们是看到股票涨停后再迅速买入的，这种操作利用的是公开信息，因此没有问题。

那这个"涨停敢死队"的获利策略是什么呢？这里面的逻辑是，股票如果发生涨停，大概率不会只涨停一次。也就是说，它还会继续涨。因此，"涨停敢死队"才敢在第一次涨停时大举买入，然后在下一次涨停时卖出，这样一来一回就可以赚一个涨停的差价。如果资金量巨大的话，这一次操作就可以快速赚到很多钱。

不过，想靠这个策略赚钱，需要具备两个前提条件。

第一，要能够买到涨停的股票。也就是说，在股票涨停的时候，市场上有足够多的人卖出股票。只有这样，"涨停敢死队"才有机会买入涨停的股票。那么，是谁卖出了涨停的股票呢？显然是那些"赚了钱就想赶紧落袋为安"的"胆小鬼"。

第二，他们还需要将手里的股票卖出去。谁会买呢？当然是那些看到消息后赶着入场接盘的人。要知道，涨停之后，交易所和各大榜单会公布信息，这时候就会吸引一部分投资者，最终引起买入。

换句话说，"涨停敢死队"是在利用"恐惧"和"贪婪"

套利，而"恐惧"和"贪婪"正是人性的弱点所在。人性的弱点总是很稳定的，毕竟这是数百万年来自然演化的结果。

那么，是不是你智商超群，就可以摆脱这些弱点呢？我和几十位毕业于名校的"学霸"交流过，当初杀进股市时，他们都自信满满，觉得自己智商超群。按照股市里"七亏二平一赚"的规律，他们普遍认为自己肯定属于那10%赚钱的人。然而，在股市里鏖战几年后，这些智商高于常人的名校学霸也不得不承认自己其实并没有什么特别的。

因为这个时候考验的并不是智商，而是人性。人性属于底层系统，所有人在这方面都差异不大。智商上的那点儿优势，根本不可能遮盖数百万年的进化结果。

专业机构往往会针对人性的弱点设计一系列的风控流程。通过这样的机制设计，他们能大幅度地规避人性的弱点可能引发的灾难。因此，对抗人性的弱点，最好的方式就是设计相应的制度和规则，并且严格遵守纪律。

金融投资史上的传奇人物利弗莫尔就非常善于利用人性的弱点。在《股票大作手回忆录》里面，他曾说过："我们不可能把希望从人的天性中割除，也不可能把恐惧从人的天性中剔除。"利弗莫尔靠着对人性的洞察以及超群的天赋，获得了巨大的财富。同时，他的人生也几经起伏，多次破产，最终精神崩溃，在洗手间里用手枪结束了自己的生命。我想，很可能正是长期与人性剑拔弩张的对峙，最终耗尽了利弗莫尔的心力。

人类非理性的集体悲剧

一般情况下，每个人都觉得自己是很理性的个人。然而，一旦被大环境裹挟，很多人就会出现不理性的行为，这正是所有人需要警惕的地方。在《乌合之众》这本书里，作者详细分析了群体的不理性行为，推荐大家都去看看。

在投资领域，最具代表性的"集体疯狂"事件，显然就是荷兰的"郁金香泡沫"了。在荷兰留学时，每逢早春时节，我都会乘坐火车在荷兰自由地穿梭，车窗外不时能看到大片大片的郁金香，色彩斑斓，一眼看不到尽头。那是真正的花海，就像风把天地间的颜色都吹到了大地上，给荷兰这个国家的土地铺上了地毯。

然而，这些看起来没有任何特别之处的郁金香，在历史上曾被炒到了天价。16 世纪中期，当郁金香从土耳其传入西欧后，人们一时对这种植物产生了狂热的喜爱。1634 年，炒买郁金香的热潮蔓延为荷兰的全民运动。

王公贵族们把郁金香当作身份的标志。参加贵族晚宴时，

　　贵妇们会费尽心机搞到一朵郁金香，别到自己的衣服上来展现自己的地位，这是当时最流行的服饰搭配。彼时，荷兰人都以能拥有一朵郁金香为荣。街头巷尾，到处都能听到谈论郁金香的声音。贵族、商人、卖菜的老妇、拉车的车夫都为稀缺的郁金香而疯狂。这种疯狂，不是被郁金香的美所折服，而是被它所象征的财富神话所吸引：不管处于哪个阶层，人们都对郁金香趋之若鹜，纷纷将财产变换成现金，转而投资这种花卉。甚至荷兰以外的欧洲人也闻讯赶来，把大量资金投入郁金香市场。

　　1000 元一朵的郁金香，不到一个月就升值为 2 万元。最夸张的是，一种叫奇尔德（Childer）的郁金香品种，一株可以兑换 16 头公牛。还有一种郁金香，甚至可以换来阿姆斯特丹运河旁的一栋豪宅。如今你去阿姆斯特丹，仍然可以看到矗立在运河旁边的豪宅，据说有些被中东石油富豪买走了，用作享乐。

　　1636 年，为了方便郁金香交易，阿姆斯特丹的证券交易所专门为其开设了固定的交易市场。有了可以交易的流通市场以后，郁金香的价格开始狂飙，一年内上涨了 59 倍！大家都在郁金香狂热中做着美梦，幻想手里的郁金香会不断增值，财富会源源不断地涌向自己。不管价格高到多离谱，荷兰人都相信总会有人愿意为它买单！

然而，就当人们沉浸在郁金香狂热中时，一场大崩溃已经近在眼前。

当更多的人冷静下来，开始抛售自己手里的郁金香时，市场就见顶了……接着，成千上万的人开始不计代价地抛售。恐惧像病毒暴发一样，传播速度远比想象中更快，让人措手不及。1637 年 2 月 4 日，一夜之间，郁金香球茎的价格一泻千里。虽然荷兰政府采取了紧急措施，试图劝说恐慌的人们，但恐惧感在群体中总是相互强化的。人们很快便陷入非理性状态，失去了思考能力，任何话语都无法使他们信服。于是，无数人的财富在这场财富游戏中灰飞烟灭。

还是那句话，人性的弱点总是根深蒂固的，因此历史总是不停重复。"郁金香泡沫"出现后，金融市场仍在反复上演着相同剧情的危机故事，而这一切均可以用群体的非理智行为来解释。在每次危机中，最危险的时候就是泡沫登顶之后的破灭时段，由此将产生金融秩序的崩溃，以及"群体性踩踏"。如果恰好遇到这样一场"狂欢"，你可以认为它是一次财富爆发的机会，但一旦出手时机错误，正好在顶部接手，那么很可能会掉入万劫不复的深渊，此生难以翻身。

人类的这种"群体性踩踏"，其实可以归结为理性的某种特点。市场泡沫是被一点儿一点儿吹大的，在这个过程中，有些人认为市场会一直上涨，因此慢慢从理性走向了非理性。然而，当市场出现暴跌时，人们会直接进入非理性状态，并不计代价地退出游戏。于是，踩踏事件就发生了。

这就像雪山的形成通常需要许多场雪慢慢积累，而雪崩却是一瞬间的事情。社会心理学将这种现象归结为系统性的偏差，即人的非理性行为不是随机的，而是系统性的。当出现极端事件时，比如市场大跌，所有人首先考虑的是远离危险，而非寻找机会。

被宰割的羔羊

人类是群体性进化的生物，再理性的个体，当融入群体的时候，都会发生一些非常神奇的变化。就像羊群效应，一群羊中，如果有几只羊开始奔跑，其他羊就会不顾一切地跟上。因此，关于羊群效应，你可以简单地理解为，人们一旦凑在一起，往往就会放弃自己的判断，追随大众的决策。因此，平时你对自己的判断力越自信，就越要注意人群可能对你产生的影响。"随大溜"能让人们获得一种本能的安全感。毕竟在远古的自然环境中，只有抱团，个体才有更大概率生存下来。

你早上去交易大厅，本来没想买入，后来发现周围的人都在买，于是你也买了，这就是羊群效应。从众是一种本能，和个人的智商高低没有关系。即使牛顿这么聪明的人，也没办法完全克服这方面的弱点。1720年，南海公司购买英国公债的行为受到了英国执政党的青睐，进而获得了经营海外殖民地的垄断权利，这促使其股价大幅上涨。随即南海公司的股票成了全民追捧的对象，连牛顿这样高智商的科学家也被裹挟其中，跟风买入大量股票，最终遭受了巨大的损失。

中国股票市场上存在一种常见的现象，叫"板块轮动"。所谓板块，包括地区、热点话题、热点事件等，例如新能源板块。行业的轮动和经济周期有关系，但板块的轮动就不依赖于现实经济状况了，其核心推力是"羊群效应"。

很多热点概念完全是人为制造出来的，根本没有基本面支撑。在塑造热点板块的过程中，"领头羊"和"群羊"共同促成了市场的上升。我们把那些持仓市值超过1000万元的超级大户称作"领头羊"，而"群羊"指持仓在50万元以下的小户或10万元以下的散户。炒作模式一般是这样的："领头羊"在价位低的时候直接入场，把股价给拉起来，同时散播消息；"群羊"在股价和各种小道消息的刺激下纷纷跟进，进一步推动股价的上升。在市场参与者中，"群羊"占了很大的比例，超过60%。

在概念股的炒作中，超级大户与中小散户的买卖行为正好相反。"领头羊"提前建仓，炒作期间卖出，而"群羊"则刚好相反。他们的动作慢于"领头羊"，在炒作期间买入。"领头羊"的建仓过程较慢，清仓过程很快。散户在买入时纠结、犹豫，离场时也非常不果断，因为割肉会疼。最终的结局就是，"领头羊"迅速套现离场，而散户则被套住了。

7.2　洞悉人类的弱点，才能明白机会所在

对于普通人而言，"不劳而获"会上瘾。一旦有过这种经历，人的阈值就会被打开，形成路径依赖，并逐渐上瘾，最终失去理性。这方面最典型的例子就是赌博。很多人一旦沾染这种恶习，就不能自拔。

人们对于"不劳而获"的偏好，我可以举例说明，即人在面对盈利和亏损时的不同心理。

我先给你两组投资的选择，你自己做选择，可以凭直觉选，也可以计算后再决定。

第一组选择是盈利型的，请在 A1 和 A2 中选择一个：

A1：有 50% 的概率得到 10000 元，50% 的概率一无所获。

A2：你有 100% 的机会得到 5000 元。

第二组选择是亏损型的，请在 B1 和 B2 中选择一个：

B1：有 50% 的概率损失 10000 元，50% 的概率毫发无损。

B2：你 100% 会损失 5000 元。

让我来猜一猜，在第一组选择中，你是不是在 A1 和 A2 中选了 A2，即有 100% 的机会得到 5000 元，而在 B1 和 B2 中你选了 B1，赌一把自己会毫发无损。其实，大部分人都会这样选择，经济学家对此还专门做过调查。

那么，在 A1 和 A2 中，你究竟看中了 A2 的什么呢？你可能会说："A2 比较确定，我不喜欢冒险。当很确定地能拿到一笔钱时，我会优先选择它。比起不确定的 10000 元收获，确定的 5000 元收获更让我心安。"

喜欢确定性，不喜欢冒险，用金融学的术语来表示，就是厌恶风险。理性的人都是厌恶风险的，这没什么奇怪的。然而，你是否发现，虽然你自认为自己不喜欢冒险，但这只适用于面对盈利时，一旦面对亏损，你就变成了喜欢冒险的人。因为在 B1 和 B2 两个选项中，你选择了 B1。显然，在面对损失的时候，人们总是寄希望于侥幸。你不想选择具有确定性的更小的损失，更愿意赌一把。

现在你明白为什么说服赌徒戒赌很难了吧？因为劝说一个赌徒别赌，就是劝他接受确定性的损失，他心理上为此将承受巨大的痛苦。他会说："再给我一次机会，我有很大可能回本。"更恐怖的是，其实不光是赌徒，我们自己在面对损失时，也会陷入这种赌徒心理！

虽然传统经济学教育告诉我们，人都是讨厌风险的，是理智的，然而，根据行为心理方面的最新研究结果，我们得知，只有在面对盈利时人们才会表现出厌恶风险的特质。在面对损失时，人更喜欢冒险，希望通过赌一把而绝处逢生。

这是人类的固有本性。也就是说，虽然很多人从来不上赌桌，但在特定场合，他们依旧有赌性。比如，在牛市时，大部分人总想着落袋为安，从而浪费了获得财富的机会；在熊市时，他们又老想着翻本，迟迟不愿意割肉，最后赔上一大笔。

显然，亏损和盈利对人们的心态所造成的影响是不对称的。相同幅度的盈亏，损失给人带来的痛感要远大于盈利给人带来的快感。假如你买了一只股票，涨停了，赚了10%，你会很高兴；但如果是跌停了，损失10%，你所承受的痛苦可能是盈利所得喜悦的两倍。

因此，学会止损简直太重要了。过期的食物，很多人会毫不犹豫地倒掉，因为它不可能再回到"保质期"内了。然而，到了投资这里，很多人却认为狂跌的股票总有涨回来的可能，哪怕概率极低。因此，很多人在亏损时当起了"鸵鸟"，索性选择视而不见，因为及时止损像割肉一样疼。不过，疼也要割肉，要不然后面会损失得更多。那些能够及时"断腕"的人才是真正的高手，因为他们明白人性的局限，并拥有避免其危害的智慧和技巧。

其实，在创业过程中，我自己也多次面对过需要割肉的时刻。比如，我很欣赏团队里的某个年轻人，并花了大力气培养他。然而，后来我发现他犯了一个原则性的错误。虽然这对他正在做的工作没有直接影响，但可能会给后续的业务带来风险。我思考再三，还是决定把他请出团队。之前的投入就当打水漂了，这也是一种割肉。

聪明钱效应，人心猜测中的复杂博弈

我小时候经常玩一个游戏，叫猜花生米。几个人各自抓几粒花生米在手里，然后大家猜花生米的总数。每个人都有两次报数的机会，在这个过程中，其实我们就是根据别人报的数，来推测对方手里可能握了几粒花生米。

金融学中也有类似的实验，叫猜数游戏。这个游戏很简单，每人只需要在 0 ~ 100 之间任意报出一个数，游戏就结束了。

怎样才算赢呢？用所有人所猜的数的平均数乘以 2/3，你猜的数字和这个数字最接近，你就赢了。比如说，所有人所猜数字的平均数是 50，那 50 这个数的 2/3 就是 33，猜 33 的人就赢了。如果大多数人都猜了 33 怎么办呢？那 33 的 2/3 就是 22，猜 22 的人就赢了。

好了，现在游戏开始，请问，你会猜几呢？你可以和朋友们玩一玩这个游戏，看看最后的结果是什么。

学者迪克·泰勒（Dick Thaler）曾经在《金融时报》上介绍过自己做的一个实验。在实验中，他邀请许多华尔街的人来玩这个游戏。胜者将获得两张从纽约到伦敦的往返商务舱机票。大家猜的平均数是 18.91，最终猜 13 的人是胜利者。

是不是没想到会这么低？实际上，对于这个游戏来说，具体的中奖数字并不重要，关键在于它反映的问题。

首先，需要说明的一点是，这个题目其实有一个理性均衡解：0。为什么会是 0 呢？

因为在这个游戏中，获胜的关键在于，你猜的数要比其他人更低一些。因此，你认为别人持什么观点很重要。然而，别人也在猜其他人，每个人都希望自己猜的数比其他人猜的小。这样，最后这个问题将收敛于 0，达到均衡。因此，如果每个参与者都是理性的，那么这个问题的答案就只有一个，那就是所有人都会猜 0。这就是理性人的答案。

然而，在现实中，猜0的人并没有赢。前面提到过，华尔街人士给的平均数是18.91，根本不是0。那为什么会这样呢？因为并不是所有参与游戏的人，都是理性的人。但凡有一个人不够理性，他不猜0，那你猜0就肯定输了。因此，理论上通过逻辑推导出来的结果是一种情况，而现实又是另外一种情况。现实的游戏规则是，你应该猜多少，取决于你认为别人会猜多少。

你发现了吧？在这个游戏中，你的答案是多少，其实取决于你认为别人有多理性。华尔街人士比一般人理性一些，内心博弈的次数会多一些，因而他们给出的数字更接近理性均衡。

通过这个游戏，我们可以明白什么道理呢？很多时候，你怎么想并不重要，你认为别人是怎么想的才更重要。

大经济学家凯恩斯提出来的"选美博弈"理论也揭示了相似的原理。它说的是，在一场选美比赛中，很多美女依次出来展示。你作为观众中的一员，需要投票选出一人。如果你选的这个人获得了最多的选票，成为选美皇后，那你就会得到最多的奖金。

请问，你会选你认为最美的那个人吗？

不会。因为你的目的是赢得这场比赛，所以你会把票投给那个你认为的别人心目中最美的人。然而，别人也不会把票投给自己认为最美的人，而是会把票投给他们觉得的别人心目中最美的人。结果，在做选择的时候，其实每个人都在揣测别人会怎么思考，有什么思维和决策上的规律和弱点，这就是"选美博弈"。

这种逻辑在股市里也体现得淋漓尽致，你会购买你个人觉得最好的股票吗？显然，如果想盈利，你就不应该这么做，因为只有大家都认为好的股票才会上涨。这只股票的真实价值怎么样并不重要，重要的是大家认为它的价值怎么样。因此，所谓的价值，本质上就是大众的共识。要想把握得准确，就需要你对人性有深刻的洞察和理解。

巴菲特曾说过："别人恐惧我贪婪，别人贪婪我恐惧。"只有洞悉人类本性的弱点，你才能明白机会所在，并通过刻意练习来规避这些弱点对自己的影响，进而在财富游戏中占得先机。

我们还以股票为例。如果你看到有只股票的价格是 60 元，你认为它真实的价值只值 40 元。这时市场上突然出现了利好这只股票的消息，很多人因此很看好这只股票，这很可能会让该股票的价格进一步上涨到 80 元。这个时候要不要买进？

如果按照传统经济学的逻辑，我会认为，人都是理性的，价格背离基本面的情况肯定已经被市场发现了。因此，按照这种思路，人性的弱点对市场运行是没有影响的，那么你会卖空这只股票，因为这只股票的价格明显虚高了。

然而，现实的决策，可能并不是个好策略。当我们判断出大多数人都觉得它会上涨时，就应该买入。这种明明看起来不理性但其实还是能赚到钱的行为，对于这种投资机会的追逐行为，人们通常称其为"聪明投资者"。金融巨鳄索罗斯的投资哲学就非常类似这种"聪明投资者"，聪明投资者买的不是真实的价值，而是大众认为的虚化的价值。

也就是说，即使市场价格已经超过实际价值，但只要他预期大众心理会进一步推高价格，大众还在继续疯狂，他就会进一步追买，反正只要有倒霉鬼能够在高位接手就行。

相对而言，巴菲特的投资方式，就是非常理性的价值判断型的投资：在股价低于其内在价值时，大肆买入；在股票的价格超过其内在价值区间后，就退出。这就是所谓的价值投资。

就中国市场而言，大部分参与者还是"缺乏纪律性"的个人投资者。因此，我们常常会看到股票价格与其价值相背离的情况。而且，在这个市场里，很多专业机构的投资策略就是针对人性弱点而设计的。

你看，市场价值到底是多少，有时候并不重要，真假对错并不是这样来看的。最重要的是，其他人对事情的预期。在"空城计"中，面对司马懿兵临城下，诸葛亮在城楼上焚香弹琴，泰然自若，打的就是心理战，就是要给敌人造成城里有大军驻守的虚假心理预期。这种手段，不只诸葛亮会用，在现实环境中也随处可见。

很多人，尤其是年轻人，很容易处于一种心理状态：一方面对其他人的行为存在偏见，觉得其他人愚蠢；另一方面又对世界的种种现象不理解，因此免不了摔得鼻青脸肿。然而，很多从个人角度不能理解的事情，换到群体角度就会豁然开朗。如果我们想更容易地积累财富，就必须理解群体的心理。

多年前，我曾在金融学的课堂上和导师讨论过一个问题："既然把2008年的金融危机当作系统性危机，难道就没有一个人为这个系统的崩溃负责吗？华尔街那么多顶级的聪明头脑，难道没有人能预见和阻止这次灾难吗？"当时，我的导师只是简单地回答道："或许有吧，毕竟这就是这个世界的规律。"

7.3　人性弱点无法消除，但可以用富人思维驾驭

在本章中，依托金融市场，我阐述了人性中的各种弱点，以及这些弱点对财富积累的危害。接下来，我将谈谈人们应该如何躲开人性中的各种陷阱。

建立原则：不要高估自己

在面对人性的弱点时，我们千万不要过于相信自己的定力。如果你和它们正面交锋，那么失败的就是你自己。如果想规避它们的影响，首先你需要建立起一套预警和防卫机制，其可以表现为一系列的原则、规则和制度。

只有不断强化外在的保护机制，人们才能脱离"当局者迷"的局面。很多机构投资者之所以比普通投资者获利丰厚，不是因为他们更聪明，而是因为机构一般都设置了风控部门，在必须止损时由监察稽核部接管，并下达交易指令，毕竟割别人的肉比割自己的肉容易操作。

在《原则》（*Principles*）一书中，桥水基金的创始人瑞·达利欧（Ray Dalio）对自己的职业生涯进行了深刻反思，并总结出了获得成功的"圣杯"：找到优秀的合作伙伴，建立原则，携手前行。

过去 20 多年，桥水基金创造了超过 20% 的年平均投资回报率，管理的基金规模超过 1500 亿美元，累计盈利 450 亿美元。因此，达利欧被称为金融界的乔布斯。他认为，要想赢得财富游戏，就必须拥抱现实，处理现实。因此，达利欧建立了一套"思考—原则—算法"的决策系统，以及极端透明的公司文化，所有人的意见都会根据靠谱程度反映出来，上下渠道通透、敞亮。正是这套先进的决策机制让桥水基金在市场中几乎战无不胜。

我们虽然没有办法像达利欧这样，通过建立一个伟大的透明组织来对抗人性的不理性，但是我们仍然可以找到那些价值观相同、能够互相支撑的合作伙伴。

建立知识体系：利用知识的力量

如果想在财富积累游戏中玩得更好，那么一定要学会利用知识的力量。对人性的警惕和反省，是每个人都要终生学习的一门功课。事实上，很多学科的知识可以帮助我们更好地理解人性，比如行为金融学、脑科学、心理学、认知科学、政治经济学等，它们都试图解释人类行为背后的动机。

随着人们对人性的洞察更深入，你会发现，市场的游戏规律也在发生变化。比如，美国的股票市场中，机构投资者是主流，他们非常专业，比较偏理性，因此美国股市的逻辑和中国 A 股的逻辑就会有所差别。由于中国 A 股现在还充斥着大量的散户，所以那些收割散户的操盘方法，还能行得通。然而，随着时间的推移，我相信 A 股也会有所变化。

第八章

能否把握人的情绪，决定了
你赚钱的能力

心智是一种神奇的存在，如果你相信自己不配享有财富，你的心智便不会让你富有；如果你认为自己不配拥有爱情，它便不会让你拥有这种温馨的感觉；如果你认为自己不聪明，它就会让你变得愚蠢。

因此，如果你希望自己成功，就必须抛弃自我的局限。我相信，如果拥有正确的动机与决心，以及对的策略，每个人都可以获得自我成就。这就是我所说的追求财富的游戏感。这一章中，我们就来探讨如何升级心智力、洞察和掌控情绪，成为正向、积极、有意义感的财富游戏玩家。

8.1 善于刺激他人多巴胺分泌的人，一定有很强的领导力

在刚开始创业时，一位前辈问过我一个问题："创业这么

艰难，你如何保证有足够的心力坚持下去？"

我回答说："我只需要享受其中的过程，把它当成一个策略游戏。有谁玩游戏会坚持不下去吗？"

这个前辈接着又问了一个问题："如果有一天你迎来了巨大的成功，比如突然拿到一笔超出你想象的钱，你如何保证你有足够的心力不会失控？"

我回答说："我会问一问我的初心是什么？它实现了吗？除此之外，都不强求。"

前辈的这两个问题意在提醒我，如果没有摆正心态，就会出现两种心力不足的情况：前者是毅力不足，等不到收获；后者是内心不够强大，驾驭不住巨量的财富。我发现，大部分人心态容易崩塌，最重要的一个原因就是"能力和想法不对等"，也就是能力不能匹配想法，从而容易产生心态上的不稳定，进而进入持续自我怀疑的境地。

前辈之所以这么问，是因为他也创过业，不过因为心力不足而没有坚持到最后。他也差点儿成为财富游戏的赢家：有公司愿意收购他的项目，他的团队因此将获得巨额财富，然而其他创始人的心态突然崩塌了，在巨大的利益面前相互争夺，结果整个团队都散了，收购不了了之，最后谁也没有分到钱。

如果你相信你的判断是对的，你就可以在低谷的时候坚持下去；如果你相信你可以在未来驾驭更大的财富，你就能够做到在赚钱的时候和团队大方分享。然而，如果想法太多，自信心又不够，这样的人就容易患得患失，既承受不了低谷的坚持，也驾驭不住意料之外的成功。

人一旦心力不足，呈现出虚弱的状态，就很容易被吞噬，陷入情绪内耗中，一会儿怀疑，一会儿害怕，一会儿自大，一会儿又自卑。

失控：为什么会被情绪吞噬

情绪上的问题，肯定不能交给情绪来解决。我们需要理解情绪的内在机制，才能真正跳出过于情绪化的泥潭。

举个例子，我们在很多地方都能够获得关于减肥的书籍、课程和操作方法。这些方法大部分都是有效的。然而据统计，每100位尝试瘦身计划的人中，只有12个人成功减轻了体重，而在这12个人中，又只有两个人可以保持一年以上，因此减肥成功的人只有2%。

为什么减肥这么难呢？是因为不知道瘦下来有多美好吗？还是因为缺乏减肥的知识？都不是，问题出在减肥过程中的情绪处理上。难的不是方法，而是情绪，减肥过程中要克服的情绪损耗，才是把98%的人打趴下的"拦路虎"。

在财富积累的道路上，很多人会面临同样的问题。每个人都知道要积累资本，要为自己的职业技能做投资，知道创业或者投资是获取财富的最佳方式。道理就是这么简单，事实上，绝大部分财富赢家也是这么操作的。然而，大部人最终并没有太大收获，主要原因就是败给了心态和情绪。

心态不平稳，情绪波动……这些会给人们带来巨大的干扰，甚至导致意义感崩塌。一旦意义感缺失，人就很容易陷入虚无，进而处于自我厌弃的状态。

我们常见的拖延症，本质上就是一种自我厌弃，总是担心自己做不好，于是对艰难的任务产生了逃避心理，任由时间过去。最终，随着截止日期的临近，自己承受的压力越来越大，对自我的厌弃也越来越严重，从而陷入逃避的负面循环中。这些情绪和心态的崩塌，时刻都在向我们的行动力中渗透，进而成为我们一往无前的最大障碍。

精神病理学家威拉德·盖林（Willard Gaylin）博士认为：在许多物种中，愤怒与恐惧都是应对危险的重要情绪反应。在远古时代，情绪对人类是很有帮助的。当受到野兽威胁时，愤怒可以让人类凝聚自身的力量，并在智慧的配合下展开反击。

当然，盖林的意思并不是说愤怒与恐惧在现代生活中已经全然没有用，而是在强调我们现在要学会去引导它们。对于野兽来说，愤怒与恐惧是一种有利于生存的情绪机制，能使其在心理和生理层面快速产生战斗或逃避的举动。然而，现代人不是野兽，我们的生存技能并不局限于战斗或逃避，我们的游戏环境也不限于野外。我们面对的决策环境更加抽象和复杂，它们是复杂的社会规律、不可见的政策、财报中的公司估值、市场中波动的数字……

在这种情况下，情绪可以协助和保护我们，也可以威胁和摧毁我们，这取决于我们是否能够在恰当时机正确调动决策机制：任由情绪驱动还是三省吾身，三思而后行？

依靠情绪驱动的反应速度往往非常快，远超意识的反应速度。因此，我们必须停顿、思考、反省，才可以辨识情绪的来源，然后知道我们陷入了何种情绪的陷阱。在诺贝尔经济学奖得主丹尼尔·卡尼曼（Daniel Kahneman）的《思考，快与慢》（*Thinking, fast and slow*）一书中，他提出了一套理论，即思考有两套系统，系统 1 和系统 2。系统 1 的速度非常快，主要依靠人的本能；系统 2 的速度则慢一些，更加偏理性。在大多数场合，人们都是在用系统 1 思考问题，而非系统 2，因为系统 2 非常消耗能量。如果所有问题你都调动系统 2 思考，那么你就很容易疲倦，而人类种种不理性的行为大多数都来自系统 1。

那么系统1和系统2具体指大脑的哪些部分呢？系统1与大脑中的杏仁体密切相关。系统2的核心则是大脑的前额叶皮层。杏仁体主要处理那些与人类的安全感相关的信息，为了保证人类的生存概率，它往往会驱动人们第一时间对危险状态做出反应。前额叶皮层更多依靠综合分析各方面的信息，基于逻辑来形成行动指令。有意思的是，越是群居动物，前额叶皮层就越发达。前额叶皮层为什么对群居生活这么重要呢？因为在群体中，个体需要通过各种协作才能达到自己的目标，因此个体需要能够预判其他个体的目的和行为方式。

沉迷与上瘾：理解多巴胺

另外一种心智，是上瘾。这个世界上能够让人们上瘾的事物非常多：电子游戏、赌博、烟酒、美食……上瘾现象的原动力源自人类大脑的奖赏机制。

奖赏机制与大脑分泌的一种物质有关，那就是多巴胺。不过，大脑并不是在你完成某一件事后才分泌多巴胺的，而是在完成的过程中就开始分泌了。比如说旅行，光是做旅行计划这件事情就会让我们觉得快乐，而不是旅行后才感到高兴。

科学家用猩猩做了一些实验，借此发现了多巴胺是如何工作的。实验是这样的，只要灯一亮，猩猩就会被带到一台机器跟前，只要它拉十下机器的操作杆，机器里就会掉出一粒猩猩爱吃的葡萄干。这样循环往复几次后，只要灯一亮，猩猩的大脑就开始分泌多巴胺，而且在整个过程中，灯亮这个阶段其大脑分泌的多巴胺最多。

接下来，研究人员使猩猩大脑的伏隔核不能正常工作，这将阻止多巴胺的分泌。显然，灯再亮时，猩猩的大脑中就不会分泌多巴胺了。这个时候，研究人员发现，猩猩也不再努力工作了。通过这个实验，我们知道，多巴胺左右着人们的努力方向。

大脑会在伏隔核合成多巴胺，而这些多巴胺又会被腹侧纹状体吸收。腹侧纹状体吸收的多巴胺越多，表明我们对一件事情的期待越高，越有动力为之奋斗。

因此，我们是否有动力去做某一件事，与大脑中的多巴胺密切相关，而且这种关系可以通过训练构建。我在读硕士时要阅读大量论文，其中有很大一部分论文是用英文写的，并且布满了各种复杂的数学公式，最开始我对阅读论文特别排斥。我训练自己看论文的方法就是，带一盒巧克力去图书馆，看完一篇论文就吃一小块巧克力。吃巧克力会促进多巴胺的分泌，进而形成一种奖励机制。因此，通过这样的训练方式，我克服了看论文的恐惧，反而把它变成了一件非常美好的事情。

在财富领域中，这一点同样适用。很多投资人喜欢投那些看起来"性感"的项目，即能够描绘出美好愿景的项目，因为这样的项目会刺激人们分泌多巴胺，更容易成功。同理，如果一个人很善于刺激他人的多巴胺分泌，那么他肯定拥有很强的领导力。

8.2　情商高，不只是说话让人舒服

对于情商，很多人会陷入以下两个误区：

第一个误区是简单粗暴地把智商和情商对立起来，过分贬低情商。比如高智商的人没有情商照样混得好；情商高就是会来事儿、会搞关系、会说话……

第二个误区是不理解情商应该发挥的作用。很多人认为会讨好人、能热场就是情商高，而太冷静就是没温度、情商低。

这些关于情商的错误言论会混淆人们的判断，并引发自我怀疑和精神内耗。我个人认为，成就的上限取决于智商，幸福的下限取决于情商。以领导力为例，领导力强的人需要情商，但更需要智商和思考能力。但凡想做成点儿事，思考和判断能

力一定要过关。

情商意味着处理复杂"人际关系"的能力。请深刻地理解这四个字，重点不是人际，而是关系。这个关系包括"自我—世界"关系的融洽和稳定，也包括"自我—他人"关系的融洽和稳定。

不论和谁相处，他们都会对你进行评价，因为每个人在和你打交道时，首先想获得的就是安全感。你要倾听他们的反馈，真诚地与之交流、沟通，但是绝对不能轻易地产生自我怀疑。因为一旦这样做，轻则认知失调，产生巨大的精神消耗，重则变得有攻击性，进而让事情往更糟糕的方向发展。

如何系统地训练情商

关于训练情商，有一个全球通用的 SEL 框架（Social and Emotional Learning），即"社会情感学习"。基于这个框架，人们可以系统地提高情商。

这个社会情感培养框架的目标是，让人能够理解和管理情绪，设定和实现目标，对他人有同理心，能够和他人建立并且维持正向、积极的关系，做出负责任的决定。

SEL 框架其实把社会情感概括成了五个要点：

1. 自我察觉（Self-awareness）：洞察和描述自己的情绪

这是指对自己的情绪和想法的察觉，并且能够知道它们如何影响自己的行为，包括能够准确评价自己的长处和极限，以及能够据此培养乐观而自信的认知。简单来说，就是能够自觉。

比如，工作压力大，项目不顺利，导致我很焦躁。于是，下班前我给老公发微信，让他给我带巧克力，以求安慰。然而，当我满怀期待地打开巧克力的包装时，发现是自己最不爱吃的黑巧克力，我的火气瞬间就上来了。怎么办？劈头盖脸地骂老公一顿，然后吵一架？

如果能够很好地管理自己的情绪，那么我的做法应该是：深吸一口气，并察觉到自己的焦躁来自工作压力，而非巧克力的味道不对，后者只意味着我的一个很小的期待落空了。然后，你可以对老公说："我工作好累呀，本想得到一个甜甜的奖励，没想到迎来的却是苦涩，可能这就是生活吧！"记住，要用调侃式语言把内心的情绪说出来，而不是争吵。

能够察觉自己的各类情绪，并且准确归因，这就是高情商的表现。如果能够及时察觉自我的情绪，那么要强化对情绪的控制，就有了一个坚实的基础。最基本的操作是在察觉到自己的情绪出现波动时，先让自己"静一会儿"。我通常会尝试深呼吸几次，以此阻断情绪的引爆。一般情况下，一分钟内情绪就能基本调节好。

2. 自我管理（Self-management）：给情绪正面反馈

对于自我管理而言，除了控制自己的情绪，还包括自我目标驱动。

自我驱动是人们的普遍"痛点"，因此社会上存在大量针对这个问题的书籍。然而，正如我不断强调的，自我驱动的方法非常简单，核心就在于掌控"正反馈"。

所谓正反馈，就是要学会为自己的行为构建一个奖励体系。比如我前面提到的例子，论文非常枯燥，那我就用巧克力来奖励自己，从而形成一种自我激励机制。

3. 社会察觉（Social awareness）：共情和评价

共情是指能够察觉到他人的情绪和需求。评价当然就是指能够推己及人，看看别人处在什么样的情绪里，是好还是不好？不要觉得这一点很难，其实只要愿意，每个人都可以做到。在理解他人情绪的基础上，我们才可以妥善地应对对方的情绪。

4. 关系技能（Relationship skills）：观察和模仿

关系技能是指与他人或群体建立和维持健康关系的能力，

包括能够清晰地沟通、准确地倾听，对于不恰当的社会压力表示拒绝，以及懂得主动寻求帮助。

对于这种能力，就我个人的经验而言，最好的提升方式就是观察和模仿。不管处于什么文化环境，人们都更容易接纳和自己相似的人。因此，在初期，"打破隔阂"就成了关键的破局点。当然，所谓观察和模仿，并不是彻底放弃自我，而是要借此快速理解新文化环境中的规则，进而形成自己的判断。

5. 责任决策（Responsible decision-making）

责任决策是指基于道德标准、社会准则和可能对他人造成的后果承担责任，做出决策。

如果一个人的格局太小，那么他肯定没办法承担更大的责任，这会严重限制其上升的路子。我称这个现象为"格局封锁"。

8.3 厉害的人对别人狠，对自己更狠

只要是人，都避免不了人性的弱点。然而，如果听之任之，我们可能就会终生碌碌无为。相反，如果我们能成功规避这些

弱点对自己的影响，那就相当于找到了打开财富宝藏的钥匙。幸运的是，我们具有其他动物不具备的高级思维：元认知和反事实思考。

所谓"元认知"，就是指对于认知的认知。元认知就像一面镜子，通过它我们能够看见自己思维的一举一动。如果一个人能够熟练运用"元认知"，那么他在思考的同时也可以思考自己的思考。这样的话，他就可以敏锐地察觉到自己的情绪及其影响，并迅速做出调整，避免做出充满风险的决策。

举一个常见的例子。从小到大，我们经历了无数的考试。在考试中，每个人都遇到过难题。一开始我们会跟这道难题死磕到底，一定要把它解出来才会去做下一道题。然而，经过多次考试，我们逐渐意识到，在一道题上空耗时间实在很不明智。我们会先做会做的题目，最后再来解决这道难题。

显然，元认知的核心就是自我管控。有句话说，厉害的人对别人狠，对自己更狠。这里所谓的"狠"，就是能够直视自己的弱点，能够非常深刻而客观地进行自省。

调动元认知的方法其实很简单，那就是不断地和自己对话，进行自省。这种对话最好通过写日记的方式进行。坦然地面对自己的情绪和状态，把自己的感受、所遇到的束缚和烦闷都写下来，这便是察觉的第一步。接着，你需要跳脱出自我的角色，以一种

"旁观者"的心态思考你所面临的困局。这个时候，那些被情绪锁死的认知工具就又被激活了，你可以更加从容地寻找解决问题的办法。

把思考变成文字输出，也叫写复盘日记。写完复盘日记，你会发现，自己的思路更清晰了。因为当很多念头挤在你的脑海里时，它们是混乱的，一旦把它们写出来，这些想法就变得有逻辑和条理了。

写复盘日记还有一个好处，那就是方便你阶段性地回溯。当你做月度、季度、年度总结时，你不可能事无巨细地记着每件事，但你的日记本会帮你记录。通过浏览复盘日记，你可以清楚地看出这一段时间你走过哪些弯路、踩过哪些坑，以及又有了哪些成长。

关于复盘日记的格式，我简单做了个设计，分为三部分：事件、分析、行动。"事件"就是要复盘的事情，"分析"是对事件的解释说明，"行动"就是经过思考后自己提出的行动方案。

在实际写日记的时候，我建议可以结合麦肯锡的金字塔原理。金字塔原理的核心是结论先行，然后寻找导致该结论的要素。"事件"就是写概括性的结论，用一句话描述清楚矛盾点。

假如我们的团队在讨论一篇公众号文章的标题，大家集思广益，提出了很多选项。选定一个标题后，负责公众号的同事很快就发布了该文章。然而，过了一会儿，有人提出了更好的标题，但此时文章已经推送出去，不能再撤回更改了。那么当晚，我的复盘日记就可以写这件事。

事件：公众号文章没有选到最佳标题。

分析：

1.讨论的时候，并非所有人都参与进来了，有的成员在忙别的事情。

2.在对标题的管理上，没有形成完善的方法论。

行动：把标题放进《公众号管理手册》，下次参考。

就像这样，用简短的话语把发生的事情记录清楚即可。最重要的是，你需要基于真实情况思考，在思考中发现问题，并及时提出解决问题的办法。按照这种格式写日记，你就能有条理地组织自己的思想。

这个方法需要不断地练习。在刚开始进行自我反思时，每个人都要直面自己的思维缺陷和认知短板,这注定是比较痛苦的。然而，只要你能坚持下去，慢慢学会接纳自己，并把情绪倾泻在纸上，通过一次次放空，你的反思能力就会慢慢地得到提升。

脑力的刻意训练

心力训练提升的是精神和意识上的能力。除此之外，你还需要提升身体方面的能力，也就是脑力训练。有时候情绪不稳定或者驾驭能力不够强，纯粹是因为身体状态不好。

要想让大脑拥有充沛的能量，你就需要养成良好的生活习惯，比如坚持锻炼和合理饮食。

对于体育锻炼，我推荐有氧运动。我们都知道，燃料燃烧需要氧气，当氧气充足时，燃料燃烧得也充分。有氧运动能使身体内的碳水化合物充分"燃烧"，转化成新的能量。在大量呼吸空气时，我们的心肺功能也能得到增强。在运动频率方面，每周最好运动 3 ~ 5 次，每次 30 分钟，比如慢跑、跳绳、使用椭圆机。另外，周末你可以选择一些户外运动，比如爬山、徒步、骑单车。

对于饮食，大家应该记住一句话：我们吃的食物在一定程度上决定了我们是谁。饮食不健康，往往会使我们易于疲惫，而合理的饮食则可以强化我们的抗压能力。我自己通常吃升糖指数低的食物，用不饱和脂肪酸代替饱和脂肪酸，主要采用 5:3:2 的饮食策略——50% 的新鲜蔬菜、豆类，30% 的鱼肉或者鸡蛋，20% 的水果和坚果。

第九章

一个人走得很快，一群人能走很远

一个人的力量总是有限的。如果我们想在某一领域有一番成就，就需要伙伴，需要团队，需要有影响力。既然这些都与人密切相关，那么懂得如何与人打交道就成了一个人的关键技能。这一章我会分享关系、谈判以及资源整合这三方面的内容。

9.1　拓展人脉圈，只需要提供两种价值

毕业后，我一直从事学术性的工作，后来我突然意识到自己的志向是创业。于是，没多久，我就成为一家创业公司的CEO。公司的核心业务是围绕数据和流量给淘宝、美团、滴滴等平台做精细化增长方案，发展态势非常好。应该说，我人生中的这次转变相当顺利，简直可以用梦幻来形容。必须承认，我很幸运。但这一切仅仅是因为我很幸运吗？

为了让自己多一点儿幸运，我做了非常多的功课，并且克服了很大的阻力和障碍。我做了大量自己原以为完全不擅长的事：学着经营和维护人际关系，努力成为一个值得被信任和能给人帮助的人。

1. 短期内，我有目的地定向去结识目标领域的人（利用社交网络，寻找大度节点）。

2. 长期内，锤炼自己，让自己成为值得帮助的人（树立正确的三观＋打磨学习能力）。

具体是怎么做的呢？我的上一份工作是某非营利性复杂科学社区的运营官。这是一个非常开放的组织，借此可以认识很多科学家和研究员，进而极大地拓宽视野和信息量。于是，我通过搜集和整理大量的信息化和智能化商业的资料，提炼自己的观点，并分享给各个媒体。

接着，在大概3个月的时间里，我全身心投入有针对性的社交活动中，非常积极地参加目标赛道的行业峰会，结识行业领袖。这个过程当然不是口头聊聊这么简单，我会设计各种项目找人一起实践。

事实证明这条路是行得通的。在这3个月中，我充分展示了自己的价值，并找到了合适的合作伙伴，且在实践中与其他人建立了牢固的合作关系。

应该说，在建立关系的过程中，我遭遇的最大障碍还是与人性有关。比如，当涉及利益的创造和分配时，如何解决信任问题？如何识别和防御虚假和欺骗现象？如何在利益面前控制贪婪和保持公平？虽然互联网能帮人们突破人际关系的物理阻碍，得到更多合作机会，但真正能够将合作关系维持下去的，还是在于对人性的洞察和把控，这也是最惊险和困难的地方。

我举一个非常具体的例子。在组建团队时，有一个人说自己有资源，能够给项目带来巨大帮助，因此要求占有相当数额的股份和分红，你怎么判断对方所言是否是真的？你又该如何衡量对方能够提供的价值？这中间是否存在重大的风险？

虽然我们可以根据现实结果来调整合同、股权和期权激励，但这些基础操作终归还是事后止损的方法。如果刚开始我们就能基于人品和价值观做出判断，那么风险就会大幅降低。事实上，一个人最重要的就是价值观和人品，这一点已经成了商业界的共识。因此，在开始组建团队的时候，我们就把价值观不符的人排除在外了。

在庆应义塾大学，学生们会将一半精力放在学习和科研上，另一半精力则会放在领导力、影响力的培养上。该学校的校友会则形成了充满活力的人际关系网，前辈们非常注意提携和扶持后辈，以及建立圈子的影响力和口碑。对于学生而言，这种人际关系网络就构成了强大的社会资本。在日本有一个段子，说一块广告牌倒了，砸到了 10 个社长，结果有 9 个来自庆应义塾，还有一个是早稻田或东大的。我的很多日本同学正是凭借着校友关系和教授推荐，轻松地进入了顶级的企业。

一般看来，人的聪明可以分为两种：一种是智力上的，比如理解抽象概念、快速计算；还有一种是情商和关系上的，就是基于对人性的理解，能够驾驭复杂的关系。如果在第一种"聪明"方面很强，人确实能占据一定优势，不过这种优势是有限的。人际关系上的优势则不一样，因为它所塑造的优势具有无限的积累性：接触的人越多，关系网的价值就越大；接触的人越广，越容易结识更多的人。如果把人和人之间的关系看成网络，这个网络会展现出所有的复杂网络都有的演化特性：网络节点符合幂律分布。也就是说，与普通人相比，社会关系发达者具有的优势会以几何级数的方式提升。

其实，在任何国家和社会当中，这种规则都是适用的。它和公平并不冲突，也没什么可以指责的。人作为需要分工协作的群体性动物，为了获得更好的生存机会，必然会选择抱团。因此，社会关系就构成了某种"背书"。通过它，人们可以大大地降低协作风险和筛选成本。

依靠背叛和欺骗，或许能够获得一点儿眼前利益，然而这样会严重损害个人的名声，损失的可能就是整个社会关系的基础。

对于人与人的协作，博弈论专家阿纳托·拉普伯特（Anatol Rapoport）给出了一个经典策略，该策略能保证你的长久利益。开始时，我们选择合作，但是下一回合是否合作，则要看上一回合对方是否愿意合作。若上一回合对方不愿意合作，那么这个回合你也应该选择不合作；若上一回合对方愿意合作，那么这个回合你就该选择继续合作。

在这个策略中，有四个基本的要点：友善、惩罚、宽恕以及不嫉妒。在开始合作时，我们一定要秉持友善的态度。假如对方破坏了合作关系，那么我们一定要给予他们惩罚。如果对方愿意修正自己的行为，那么我们也可以选择原谅。另外，我们一定要规避嫉妒心理，否则会导致整个策略失效。

你被误导了吗？回应人性认知偏误

人的终极目标是什么？追求幸福。然而，什么是幸福呢？哈佛大学曾进行过一项跨越70多年的研究，其结论表明，对个人幸福感影响最大的因素，并不是你获得的名望或金钱，而是你和周围最亲密的人的关系。

显然，如果对人际关系存在错误认知，那么人生就会缺失很重要的东西，从而留下遗憾。

误区1：认为"搞关系"就是"喜欢钻营"。

很多人认为，搞关系纯属钻营。这种想法显然是非常偏颇的。如果良好的关系能让人们更幸福，能创造更多价值，那它就完全是正面性的。很多年轻人缺乏这种人际关系的积累，于是转而蔑视它。这其实会严重阻碍自己的未来之路，从而错失大把的机会。

误区2：以为凭借技术，实力就能发展得很好了，关系并不重要。

一位人力资源方面的专家曾经跟我反复强调，无论如何，职场的发展还是取决于技能，人际关系是次要的。我曾经也是这么认为的，但随着自己的成长，我逐渐意识到了这种论调的不妥之处。

在《巴拉巴西成功定律》一书中，著名网络科学家巴拉巴西阐述了成功的社会学原因。其中第一条就是：能力表现可以驱动成功，但当能力表现无法被测量时，社会网络驱动成功。意思就是说，在个人能力无法被量化的领域，社会网络和社交关系决定着一个人能否成功。

误区3：认为社交是天赋，后天的努力没用。

很多人参加过一些性格测评，并在关于人际交往的项目上获得了高分。看起来，他们天生就是为了与人打交道而生的。不能否认，有些人凭天赋就可以很容易地和其他人打成一片。然而，这不等于说，那些没天赋的人就没办法建立有价值的人际关系。虽然人们可能没有这方面的天赋，但可以通过后天训练来获得这种能力。

只要能够清晰地定义自己在社交中遇到的问题，我们就能通过训练获得解决问题的技巧。怎么训练呢？那就是我们要努力提供两种价值：情绪价值和信息价值。

首先，你需要理解对方的情绪，并且针对对方的情绪进行回应。比如，对方失恋了，你应该给予安慰；对方沮丧了，你要给予鼓励……在建立亲密关系中，提供情绪价值尤其重要。

其次，除了情绪价值，我们还应该努力为别人提供信息、知识和建议。例如，在职场关系中，通常都有所谓的导师这一角色，他们主要是为新员工提供职场发展指引的。无论你是提供帮助的一方，还是被帮助的一方，围绕知识和信息建立关系，都是非常有价值的。一旦你开始积累人际关系，就会很快进入正向循环。建立人际关系可以使你接触到更多的人，从而获得更多机会。

谈判：围绕人性达成交易

前面说了，人际关系其实是一种社会资本，它本身蕴含着巨大的财富。想高效地将这种财富变现，就关系到谈判能力了。

谈判其实无处不在，它是人与人之间相互协作以及进行利益分配的一种常见方式。只要想建立合作关系，我们就需要进行谈判。

对于谈判，我曾经的认知非常肤浅。我过去总是觉得，谈判是在围绕利益做交易，但更深层次的谈判，其实是在围绕人性做交易。

很多人其实和过去的我差不多，以为只需要梳理清楚利益关系和逻辑关系，达成交易就是水到渠成的事情。谈判就应该像我们买苹果一样，一分钱一分货，双方都觉得价格合适即可达成交易。然而，现实并不是这样的。在谈判中，个人感受也非常重要，有时甚至比利益诉求更重要。因为人的大脑决策机制并不是纯理性的，个人感受才是驱动人们做出决策的核心要素。

即使面对同一件事，人们的感受也是不一样的。比如，一个人购买一件商品，可能是出于很实用的目的"它能满足我的需求"，也有可能是出于感受上的偏好，即"我喜欢它"。谈判其实也存在这种差别：个人感受的重要性往往会超越利益诉求。

懂得这一点非常重要，美国联邦调查局首席谈判专家克里斯·沃斯（Chris Voss）就很善于利用这一点构建谈判策略。在谈判过程中，你需要让对手产生"已掌控场面"的错觉。如何做到这一点呢？这里有两个非常实用的技巧，即"利用损失厌恶"和"诉诸公平"。

大部分人都存在"损失厌恶"的倾向。同样一件物品，在你拥有它之后，你对它的估价就会变高。也就是说，相比于"得到"，人们更害怕"失去"。因此，在谈判的时候，我们可以去思考，相比于"将得到什么"，对方会更加害怕"失去什么"。

我的合伙人就非常擅长在谈判中利用这种技巧。在建立合作关系时，他总是会率先给予对方很小的甜头和期望，并让对方认为，这些唾手可得的利益已是囊中之物。虽然看起来对方占了便宜，然而一旦他们把这些优惠放进自己的口袋，我的合伙人就有了更多的谈判筹码：如果不继续推进合作，那么这些已经落袋的优惠就会被拿走。为了避免承受损失的痛苦，对方就会接受我方的条件，进而在这次合作上投入更多的精力和资源。

在谈判中，经常用到的另一个技巧则是，通过表达对公平的追求来塑造安全感。比如，追问对方："这么做对双方公平吗？我们是否在建立一个公平的规则，从而在正确的方向上推进合作？"

人类进化的载体是群体，而追求公平是实现群体协作的底层规则。在合作中，如果一方给出来的条件受到了"公平性指控"，那么为了维护公平，受指责的一方通常更愿意做出调整。因为如果不这么做，合作的基石就会坍塌。

其实，在谈判中，几乎所有围绕人性弱点的技巧都是有效的，比如利用人们的恐惧、焦虑、贪婪心理。然而，应切记的是，谈判的核心是在强化人际关系的基础上进行利益调整，一味地利用人性的弱点反而会破坏人际关系。有时，你可能暂时占到了一点儿小便宜，但从长远来看，你最重要的资本就会大打折扣。

在日本攻读硕士的第二学期，我想换一个研究课题，不再研究供应链管理。于是，我去和导师中野先生商量这个决定。中野先生之前是丰田全球研发中心的高管。

那段时间我对大数据产生了特别强烈的兴趣。我认为，围绕传统领域的很多难题，大数据能给出更有价值的答案。然而，当我告诉中野先生我要换研究课题时，他拒绝了我。

他解释道："你这样中途换课题，写毕业论文的时间会不够的。"

我说："我真的对大数据感兴趣，系统是骨架，而大数据则是血液。有了数据，我们对世界的认识才算是活的。"

中野先生再次拒绝："即使这样，你也没有必要换课题，你会赶不上毕业季的！"

我有点儿急躁了："我又不着急找工作，赶不上毕业季也没有关系，延迟毕业的学费我也可以自己出！我也不会让您蒙羞的，我保证所有的考试都会拿A，我不会给您惹一点儿麻烦的。"

中野先生很固执："我不觉得你研究的新课题有多大的价值。"

我当时就生气了："您是在担心我没办法发论文，不能给您带来荣誉吗？"

很明显，在这里我犯了一个非常严重的错误，我粗暴地把沟通简化为利益交易，进而把对话带入了非常糟糕的境地。中野先生的脸一下沉了下去，然后就不再开口了。

我突然陷入一种极度沮丧的情绪中，根本没办法让自己走出来。于是，我瘫坐在椅子上擦了一把脸，沮丧地说道："我为什么要来留学呢？是为了一张毕业证吗？还是全 A 的成绩单？或是为了发表论文？不是的啊，这些都不是我的目的。我只是因为对这个世界有太多的疑问，它们困扰着我，我只想努力找一个答案而已。我不想这一生在困惑中度过啊。就是因为这个而已啊，先生！"

在我说出这些近乎发泄的言辞后，对面的中野先生开口了："你还没有吃饭吧？我请你吃新鲜的鱼。"

吃饭的过程中，中野先生漫不经心地说道："我认识几个教授，他们专门研究你感兴趣的那个领域，我可以介绍你去他们的实验室做项目。延迟毕业的事情，你不用担心，我会帮你安排好。"

我当时惊讶至极，一时语塞，只知道怀着强烈的感激之情鞠躬感谢。中野先生笑了："感谢你的好奇心和勇气吧！它们很动人。"

我当时就明白了，我基于利益交换的目的，以对抗性谈判的姿态去拜会我的导师，这实在是太幼稚了。在缺乏安全感的时候，人们很容易展现自身的攻击性，这其实是一种失控的状态。中野先生在对待这个问题时就睿智多了，他察觉到了我的情绪，并通过请我吃饭的方式缓和了我的对抗性，然后通过"向我提供帮助的方式"强化了师生关系。这段对话，我一直铭记在心，因为它让我对人性和人际关系有了更温柔、更饱满的理解。

9.2　掌握这三个原则，玩转人际关系

　　既然人际关系如此重要，那么是否存在高效的办法，可以强化我们与他人的关系呢？在这里，我将基于人性和底层规律，介绍三条非常有用的原则。掌握了这些原则，你就可以在各个场景中不停探索，进而通过实践找到最适合自己的技巧。

　　原则一：有效倾听，运用共情能力影响别人。

　　原则二：深度挖掘他人的价值。

　　原则三：快速获得信任。

　　接下来，我将结合自己的经验对这三条原则进行更深入的解读。

原则一：有效倾听，运用共情能力影响别人

刚开始带团队时，我犯过一个非常大的错误：极少倾听团队成员的声音，把注意力聚焦在下达命令上，进而给了团队过大的压力，导致他们几乎崩溃。

我忽视了一个显而易见的道理：事情是人做出来的，而在做事的过程中，每个人的感受是很重要的。尤其在团队成员还没有磨合好前，我更应该把他们的感受放在首位，倾听他们的声音。过多地关注怎么推动事情的进度，而忽视事情背后的人，是团队领导者最容易犯的错误。

如何聪明地倾听？我的第二导师谷口先生有 20 多年的媒体行业经验，并以智囊的身份进过日本内阁。在他那里，我学到了不少倾听和对话的技巧。

第一步：运用策略性同理心去倾听。

第二步：镜像式标注情绪和利益诉求。

第三步：再策略性地交流、谈判，施加影响力。

所谓策略性同理心，其实就是在同情或共鸣的基础上，能够再开一个线程，并构建对别人产生影响的策略。共情式倾听

者和沟通对象之间，其实构成了一种类似"治疗和被治疗"的关系。心理医生通常会经过反复试探来了解病人的情况，并不停地向病人进行反馈，以此引导病人产生行为上的改变。每个人其实都应该好好借鉴一下这种模式。

另外，策略性同理心也是一项技能。和其他技能一样，人们可以通过刻意训练来习得和提升这种技能。几年前，我还只会凭借自发的同理心去和别人共情。这种原始的共情方式往往会让我深陷对方的情绪中，导致自己疲惫不堪。显然，当时我只是一个情绪的分担者，并不懂得如何对眼前的人施加影响，更别提控制场面并解决问题了。

随后，我开始进行针对性练习。当近距离观察一个人的表情、动作和语调时，我们的大脑就会开始与对方联结，这个过程叫作神经共鸣，这让我们能更全面地了解对方的所思所感。当我们了解了对方的所思所感，并且能冷静地把这些变成语言，我们就获得了掌控局面的地位。当对方觉得你可能比他更了解他自己的时候，他就会更愿意接受你的主张。

围绕以上三步，分别存在相对应的练习方式。只要坚持练习，大家肯定能大幅提升自己基于共情能力的影响力。

练习一：练习神经共鸣技巧。

我们的共情能力与大脑中的镜像神经系统有关。这个系统就像一面镜子，当我们观察别人的动作时，就会激活自己大脑中与该动作相关的神经，仿佛自己在做相同的动作。当我们注意别人的表情、姿态等与情绪相关的身体表现时，我们大脑中的神经系统也会对其进行模拟，于是我们内心便会产生相同的情绪。比如说，我们看到别人打针时皱起眉头、肢体僵硬，我们自己的身体也会感到疼痛。

因此，为了让镜像神经系统更高效，我会有针对性地观察别人在各类场景中的谈话。这个方法你也可以试试：把你的注意力集中到附近一个正在说话的人身上，或仔细观察电视节目中接受采访的人。他们说话时，你就设想自己是那个被采访的人，正处在他的位置上，接着尽可能地想象各种细节，就好像你真的在那里一样。

练习二：换位思考。

镜像神经元通过内在模仿来学习和预判对方的行为，这是一种天生的生理机制。"换位思考系统"则与认知相关，我们可以借此理解行为背后的深层原因。"换位思考系统"较为复杂，只存在于较高级的灵长类动物中。在人类中，这个系统主要依赖于大脑中的腹内侧前额叶，而且这个模块的功能也是可以训练的。

在做神经共鸣技巧练习时，我会同时拿出纸和笔，随时写下自己的预测：根据我感受到的对方的情绪，预测对方接下来可能会说的话。然后，根据对方接下来的言论，判断我的预测是否准确。当这种训练实现较高的准确度后，我就会进行第三阶段的练习。

练习三：标注情绪，并且施加影响。

到这个阶段，我会尝试在谈话和交互的过程中把对方的情绪标注和表达出来，比如"你看起来好像不高兴了，是认为我们妨碍了你吗？是不是我们没有让事情进展下去，让你感觉不安了？"。

一开始时，你可以委婉一点儿。不要害怕当你说出对方的感受时，他会被激怒，你只需稍微优化一下自己的措辞即可，比如"听起来你的意思好像是……"，尽可能用平静且温和的语气，这可以让对方迅速放松下来，进而把对方拉回理性状态。

加州大学洛杉矶分校的马修·利伯曼（Matthew Lieberman）教授发现，当给人们展示充满强烈情绪的人脸照片时，他们大脑中负责恐惧的杏仁体会变得更活跃。然而，当用文字把这些情绪标注在照片上时，人们大脑的活动就会转移到控制理性思考的区域。也就是说，当我们用理性的文字来揭示恐惧或焦虑等情绪时，人们原始的紧张感就会松弛下来。

其实，我经常会对自己使用这种策略。当承受情绪上的巨大压力时，我就会在脑海里迅速把情绪标注出来，从而快速切换到理性思考的模式。处理消极因素的最佳方法就是观察，不要针锋相对，不要妄加评判。有意识地标注每一种负面情绪，我们才能代之以积极的情感、同情心和解决问题的思路。

原则二：深度挖掘他人的价值

你能够做到让所有人都喜欢你吗？说实话，你很难做到。因为人类太复杂了，你没办法取悦所有人。不过，这个世界上确实存在一些方法，可以让其他人不会刻意讨厌你。

显然，如果你能够在开始时就给对方留下极好的印象，那么这将有助于你和对方迅速建立起非常友善的关系。做到这一点的方法就是：尊重且放大对方的存在感，让他被看到。记住，所有人都希望被赞赏和理解，喜欢被看到。

记住这些充满魔力的词：接纳、信任、认可、欣赏、崇拜、鼓励。它们不仅适用于私人关系，也适用于团队内部以及商业领域。让人感觉舒服，并不需要一味地溜须拍马，而是需要你学会尊重他人。尊重二字的核心，在于真诚地肯定和赞美他人的价值。如果能做到放大他人的存在感和价值感，那你无疑就掌握了无往不利的人际法则。

原则三：快速获得信任

我曾在金融行业工作过一段时间，当时所有员工都必须穿着正装，男士必须西装革履，而女士则需要靠各种知名品牌加持。开始时，我对这种略显浮夸的着装方式很不适应。后来我发现，这种着装方式主要是为了快速传递身份符号，跟客户建立信任关系。

当医生穿上白大褂时，病人就会相信他能治好自己的病。金融业的情况也是如此，穿着会突显人们的专业性。为了增强客户对自己的信任感，我们还会参加一些专业培训，比如肢体训练（包括动作舒展、松弛，双脚形成一定角度，身体前倾，双臂张开等）、倾听练习（包括倾听姿态、眼神交流、点头回应等）。

不过，这种通过外表和形式建立起来的信任感，只能持续非常短的时间。深度信任只能通过持续的沟通、互动建立。比如，空降到公司的管理者该如何赢得上司的深度信任？显然，仅靠外表是不行的。这时，他需要施展一套"组合拳"。

1. 快速展现能力和实力：我有实力。
2. 展现合作性和友善度：我和你立场一致。

3.适当暴露缺点：我也有弱点。

4.学会找共鸣和共识：我懂你！

快速地展现能力和实力，是第一步，也是前提。大部分人都喜欢和强者打交道，因为有实力的人可以给人安全感。而且，一般来说，那些能力很强的人是不太可能利用卑劣的手段进行竞争的。

接下来，就是统一立场的问题。要让对方明白，大家联手是为了干更大的事情。这样就可以迅速打破隔阂。

"人无疵不可与交，以其无真气也。"一个人如果表现得太完美，反而会失了真气。四平八稳，严防死守，会让人感觉你始终保持着防御姿态。适当地暴露自己的缺点和弱点，别人才会认为你是有血有肉的人。在那些"对方擅长，但是我不擅长"的领域，你应该更坦率一点儿，不要怕暴露自己的弱点。这样不但能够获得别人的帮助，还能强化双方的关系。而且，某些情绪上的小缺陷往往会让人觉得你没有城府，进而和你产生亲近感。当然，如果想进一步强化他人对你的信任，那你还应该展现出强大的意志力和稳定性。比如能够抵抗各种诱惑，这一点能帮你赢得广泛的信任。相应地，如果一个人总是暴饮暴食、冲动消费、偷懒、迟到……那么别人可能就会觉得这个人靠不住。

事实上，强化别人对你的信任，其实也是一个自我训练和优化的过程。如果你一开始就用更高的标准来规训自己，那么你就将承受别人更大的期待。不让期待落空，这是一个人成长的最快方式。如果你能持之以恒，那么由此赢得的信任就会越来越坚固，进而成为你珍贵无比的资产。

第十章

享受认知游戏的胜利成果

这本书我写了很久，将近 3 年时间，前后改了 4 遍稿子。之所以要反复推倒和修改，就是因为写书的过程既是挑战自我的过程，也是审视自我的过程。写这本书，我主要是为了梳理出一个简洁的财富算法的框架。基于这个框架，每个人都可以提升积累财富的底层能力。

信息力：快速学习，处理庞杂的信息。

模型力：让经验系统化、可迁移化。

心智力：对抗外界各种噪声、干扰。

10.1　用打游戏的心态创造财富，你收获的将不只是财富

我出生于农村，既没有 3 岁识字、4 岁背诗的天赋，也没

有雄厚的家庭背景。我的长处就是强烈的好奇心和倔强的性格。正是凭借这些长处，我才能不断地跳出自己原来的环境。虽然刚开始时我也会承受恐惧和迷惘的侵袭，不过，经历几次后，我发现如果能保持一种游戏心态，那么全新的东西就会充满趣味性。

当你对这个世界保持无限兴趣时，畏手畏脚等平庸的情绪便无法构成一种束缚。通过不断挑战新目标和新任务，你可以快速迭代和进化。就这样，凭借兴趣的鼓动，我磕磕绊绊地去世界各地求学。在庆应义塾大学的实验室里，我第一次看到了埃隆·马斯克的海报。我的师兄大卫是一个来自马来西亚的华人，他把埃隆·马斯克的海报贴在了自己的办公桌前，并且花2个小时跟我说了马斯克的战绩。

马斯克24岁开发了在线内容出版软件ZIP2，《纽约时报》和《芝加哥邮报》都成了他的客户，他也因此狂赚了几千万美元。接着，他离开媒体产业进军在线支付，创建了电子支付网站"X.com"，并设计了国际贸易支付工具"PayPal"。该支付工具不久即被易贝网（eBay）收购，马斯克又赚了几亿美元。然后，他连金融也不感兴趣了，居然跑去创办了一个太空探索技术公司（Space X）。

当时马斯克正在开展一个探索新出行方式的实验项目"超

级高铁"（Hyperloop），并号召世界名校的学生来参与项目中的比赛。马斯克计划建立一条横跨美国的真空管道，然后在其中实验超高速运输方式。当时大卫看到马斯克发布的这个项目后热血沸腾，于是在学校里号召了所有能号召的人，组团去参加这个比赛。他的目标并不是赢，主要还是为了挑战这种可能性。

师兄号召我加入团队，我却很不自信，因为我并不知道自己能够做什么。不过后来我又想，即使打杂也是一种参与，于是我加入了。没想到，在这个过程中，虽然是从打杂开始的，但通过和团队一起解决各种问题，我获得了惊人的成长。我们团队也成功通过初赛去了美国，拿到了不错的成绩。师兄如愿见到了他的偶像埃隆·马斯克。我则因为当时正在欧洲，错过了与马斯克合影的机会。

不过，这段经历让我备受鼓舞。我曾经以为，去海外求学已经是我的能力极限了。毕业后，凭借不错的学历背景，我肯定能在大企业找一份工作，然后这辈子就安稳了。然而，通过这段经历我发现，只要敢于尝试和探索，很多看似不可能的事情就会变得可能。

因此，我开始探索自己更大的边界，挖掘更多的可能性。当然，我曾经面对过很多很有挑战性的局面：在新春佳节，我身处异国他乡，在茫茫大雪中踽踽独行；在极为保守的中东地区，穿着时尚的我频频被视为异类……然而，"那些杀不死你的事情，终究会让你变得更强大"。虽然在陌生的环境中我曾寸步难行，但我一直逼自己以各种方式学习新的语言，在资金有限的情况下找到解决生活问题的方法。因为要跨学科学习，所以我还必须快速补充欠缺的知识，于是我不得不寻找和创造更高效的学习方法。另外，要在不同的环境里谋生，我还需要学会和不同文化背景的人打交道。

如今，我拥有的最大财富就是那些没有把我打垮的经历。我经常思考，我经历的这些事情到底有什么意义？或者说，我的人生到底有什么意义？我到底为何而存在？我和世界到底是什么关系？

如果我找不到意义怎么办？那就不要意义好了。意义这个词本身就是人类自己造出来的，只是一个符号而已。什么是有意义的，什么是没有意义的，其实谁说了也不算。重要的是，我们本身应该以什么样的方式来度过此生。也就是说，在这个由我们自己把控的进程中，体验感就是意义本身。

如果一生中我们都处于充实和充满趣味的状态，那么我们就每一秒都没有白活。要想接近这种状态，我们必须拥有必要的视野——基于元认知的自我审视和世界审视。

什么是基于元认知的自我审视？元认知就是对认知的认知，而基于元认知的自我审视，就是打开第三视角，去观察自己是如何认知世界的，又是如何优化自己的。跳出自我（ego）的局限，以审视的视角（元认知的视角）进行自我对话，你就能发现更多的策略和解决问题的方法。

有了元认知的视野以后，再去认知这个世界，我们就可以找到更有趣味的角度，并乐在其中。这种兴趣将赋予我们持续的动力，让我们不断去寻找世界的底层规律，并通过实践来验证自己的认知。如果你在市场中赚到了钱，那就说明你对市场的认知是正确的，这是多么有趣的一件事情啊！

世界是如此复杂，因此我们对它的认知总是不断深入的，这就要求我们必须拥有持续进化的能力。要想具备持续进化的能力，则需要具备以下精神：

1. 追求财富，却不被金钱束缚。

我们追求财富，但不要被财富所挟持，进而掉入物质享受的泥潭而不能自已。财富只是我们验证自己认知系统的奖励。

2. 经常自省，但不能怀疑自己。

只有不断自省，我们才能不断修正错误的认知。然而，过度自省往往会引发自我怀疑和自卑，这就会扼杀探索世界所产生的趣味性。

3.洞察人性，却不世故而虚伪。

人性是经由漫长进化过程而形成的源代码，了解它能帮我们更深入地理解社会。然而，如果一味想着基于人性的弱点去干歪门邪道的事情，那就非常不可取了。

4.勇于挑战，却也能接受恐惧。

在面对陌生事物时，人多少都会有一点儿恐惧，这是天性。然而，"风险往往意味着机会"。在可控范围内，做好风险管理，然后坦然面对恐惧，接受挑战，这样你才能将更多的"未知"变为"已知"。

不要被旧知识体系限制

查理·芒格非常推崇多元思维。生物学、物理学、经济学……所有的学科都只是我们探索世界的路径，它们并不代表这个世界的真相。人类对世界的认知很容易被困在语言和文字里，因为我们无法摆脱文字进行思考，即使是世界上最聪明的人也是这样。由于每个人所理解的世界都是非常片面的，所以我们一定要想办法拓宽自己的视野。

在纯粹的好奇心驱使下，我在三个国家读了三个专业，其中有两个专业都是跨领域的复合型专业，这些专业的主旨就是

"打破传统分科所形成的藩篱，重塑对世界的认知方式"。不断地打破原有认知，用动态的知识体系重新认识世界，这是我的最大收获。

经过传统教育的熏陶后，大部分人的思维被切割成条条块块，并且很喜欢用标签和惯性思维来束缚自己：工程师不需要理解经济如何运营，搞经济的不需要懂物理和生物……然而，社会正在急剧变化，很多突破性的技术都是多种学科的综合产物。比如，仅靠互联网，肯定无法突破人工智能的瓶颈；在淘宝这个购物平台，推荐算法横空出世……显然，如果只是依靠有限的几个维度来看世界，那么就会错过很多机会。

不要被身份和符号限制

这个世界上存在着许多身份和符号，它们往往圈画人们的行为类型和范围，比如年龄、性别、家庭背景……因此，当被赋予各种身份和符号时，你一定要好好审视一番。

我读研究生时，有个同学每天都是第一个到实验室的，他是一位70多岁的老爷爷。这位老爷爷退休后选择重新进入大学，攻读博士学位。说他是老爷爷一点儿都不恰当，因为你从他身上丝毫看不出暮年的气息，只能看到对研究的热忱。最早到，最晚离开，每天他都是这样。

孔子说："朝闻道，夕死可矣！"这一追求在我的这位同学身上得到了完美体现。年龄不应该成为我们做任何事情的限制。同样，面对性别、学历等因素，我们都不能自我设限。

在日本时，我有幸与日本本田第一位女性董事国井秀子女士进行了一次深度对话。她之所以能够取得现在的成就，完全是凭技术。日本是一个典型的由男性主宰的社会，无论是政治界还是商业界，有一定地位的领导者几乎全是男性。像本田这样一家跨国企业，对于女性而言，更是壁垒森严。因此，当国井秀子女士进入本田董事会时，《时代周刊》《卫报》等全球主流媒体都发布了相关消息。

她向我分享了她的打拼经历，真的让我受到了很大的冲击。国井女士已经70多岁了，20世纪80年代她在美国拿到了计算机博士学位。在30岁开始读博士的时候，她就已经成立自己的公司，用技术帮企业解决问题。

她说，在日本这个由男性主导技术领域的国家，她每次自我介绍的第一句话都是："不要认为我是女人，把我当个男人就可以了。"在那个时代，她之所以敢说这句话，完全是因为她能解决男性不能解决的问题。

我知道，在一些女性看来，这样的"自我否定"是不可取的。

她们会说："这样难道不是一种对性别歧视的妥协吗？"然而，国井女士想表达的意思却是：无论是男的，还是女的，性别本身并不是重要因素，根本不值得放在眼里。所以，如果你觉得性别构成了一道藩篱，那么你要先自己拆掉它。同样，对于其他各种各样的身份和符号，也都应该如此。

10.2　时代瞬息万变，我们为什么还要深耕一个行业？

在海外求学的时候，我会很骄傲地跟老外介绍我短暂的人生经历。我说："在我不到 30 年的人生中，我已经经历了农业时代、工业时代、信息时代，而现在正站在智能时代的开端。"我出生于农村，长在工厂烟囱密布的小城，后得益于中国对外开放的大好形势，得以出国留学。接着，我又经历了一波信息化的浪潮，见证了智能手机和深度学习引发的大变革。

在不到 30 年的时间里，我们这代人经历了其他国家花费百余年走过的发展道路。这是我们这代人的幸运，同时也是一种巨大挑战：我们需要更强的学习能力和卓越的判断能力，才能在这个时代脱颖而出。

也就是说，在当今以及未来，我们想获得富足的物质和精神生活，需要的本事与过去是完全不一样的。

因此，在本书的最后一章中，我想做一些边界的拓展，讨论一下我们面临的底层问题和挑战。

挑战一：抽象信息和原始大脑之间的矛盾

在《思考，快与慢》中，丹尼尔·卡尼曼认为，我们的大脑分为系统1和系统2，系统1负责快速决策，带有很强的非理性因素，而系统2负责理性决策，通常意味着学习和系统化思考。对人而言，大脑在很多方面来说都是非常原始的，因此我们在日常生活中往往依靠的是快速决策系统。然而，这个时代的赢家往往都能很好地驾驭自己的系统2。这样的特质其实是由生产力水平决定的。越发达的社会，就要求越高的抽象思考能力，因此社会信息量在爆炸式增加。

随着社会的发展，人们接受教育的年限在逐渐增加。在传统农业社会，人们只需要学会种地就好，小学水平就足够了。到了工业社会，想熟练地操作各种机器，人们就必须达到中专水平。在信息时代，大学本科学历日益成了基本要求。显然，随着社会越来越复杂，人们要学的东西越来越多，接收的信息也越来越抽象。然而，我们的大脑却跟不上生产力的进步速度，脑子还是那个原始的大脑。当人类用文明重新定义个人的生存和发展环境之后，我们每个人面临的不再是自然的筛选，而是社会规则的筛选。

随着科技的发展，我们在征服了自然之后，也给自己创造了一个更加复杂的信息环境。在这样抽象、无形的信息环境中，原始感受和决策之间的直接联系被切断了，直觉不再有用。在农业社会中，我们不需要开启心智，只需要遵从害怕的本能，就能够主动捕捉毒蛇出没的信息。然而，在当今时代，如果不经过学习和训练，你很难捕捉到 M2 或 CPI 这样的信息所蕴含的机遇和挑战。信息社会的抽象性，让人类经过几万年自然演化而获得的直觉不再有效。

显然，要想获得基于大量信息做决策的高阶能力，就需要后天精心地学习和训练。这种不断地更新思维方式的学习模式，其实是反本能的，毕竟我们是在用大脑改造大脑。那么，解决这个问题有什么思路呢？人工智能其实是可行性最高的答案：把学习这件事情外包给程序。不要把有限的人生浪费在"装载知识"上，关键还是训练我们的底层算法，发挥我们的创造力和迁移能力。把重复的活动外包给机器后，人类的大脑就会彻底得到解放，就像当年机器解放了人们的身体一样。随后，人们就可以尽情发挥想象力、共情力以及创造力，去重新定义人类社会，找到拓展认知边界的新方向，并获得更丰富的情感体验。

人类非常擅长处理模糊性问题。只要看过一两次，人们就能识别出一张脸，哪怕是从完全不同的角度。几十年之后，人们依旧可以认出自己小学四年级的同学，虽说他的外表已经有了巨大的变化。人类还擅长用类比的方式思考新的情况。比方说，数十年来，科学家们一直把原子的结构想象成微型太阳系，做成模型，而且，许多学校至今还是这么教的。基于自己很熟悉的领域，人们很快就能形成理解新领域的基本框架。这些都是人脑的强项，短期内很难被人工智能替代。因此，我们应该加强这些能力的训练。

挑战二：知识的半衰期短和学习能力落后的矛盾

这一点和前面的是一脉相承的，即知识本身的更新和迭代是在加速的，但个人的学习能力却是滞后的。很多人没有接受过很好的教育，也缺乏必要的社会资源，对他们来说，技术变革反而会让他们失去生存的根基。所谓知识半衰期，描述的是随着时间流逝，我们所掌握的知识，其价值消逝的速度。半衰期越短，就意味着你所掌握的知识越容易被淘汰。

我举一个例子，我姑姑在 20 世纪 90 年代是一个齿轮插齿工，凭借着一流的插齿手艺，成了当年工厂里的优秀标兵。然而，她的插齿技能渐渐被新的工艺取代，不得不提前很多年退休。她赖以生存的相关知识只能保证她十几年的竞争力。时至今日，与技术相关的知识，半衰期更短了，它们可能只能帮你赚几年的钱，就会迅速被淘汰。以编程为例，如果一个程序员只会 10 年前的编程语言，那么他肯定早失业了。

未来，随着新技术的涌现，肯定会出现一大批全新的职业赛道。在这些新赛道里，知识的迭代速度将更快。世界经济论坛发布的《未来就业报告》曾提到，第四次工业革命将引发劳动力市场的巨大变革。人工智能、机器人制造、3D（甚至是4D）打印技术、基因和生物科技等技术的蓬勃发展，有可能导致大量的传统职业消失，并催生许多新兴职业。显然，对于普通人来说，那种靠"站稳一个坑"就能过好一生的时代一去不复返了。在个人事业发展上，每个人未来可能需要做好至少三次以上的关键性选择，比如行业的切换、赛道的更迭，甚至是技能的重新洗牌。

在网上，人们经常会看见这样一个问题：互联网人如何面临 35 岁的中年危机？如果中年注定要失业的话，我们为什么还要深耕一个技能?

其实,要想解决这个问题,无非两种办法:一是积累人脉和经验,进而摆脱单纯依靠技术的局面;二是持续不断地学习,不断更新自己的知识,或者说优化自己的模型。

年龄大了以后,也许脑力和体力不如年轻人,但是我们仍然可以和他们比拼一下学习速度。如果积累了足够的思维模型,那么你就很容易将其迁移到新知识领域,从而实现快速学习。迁移是一种很重要的学习方式,指运用已有的知识来学习新的知识,核心就是找到已有知识和新知识之间的相似性。用成语来说,就是懂得举一反三。比如,我们已经掌握了英语,那么就可以用相似的学习方法来学习另外一门外语;已经学会了Java编程,就可以对比着来学习Python;已经学会了中国象棋,就可以反思着来学习国际象棋。

由于人类大脑具有很强的灵活性,所以通过提升知识的迁移性,我们不仅可以增强学习效果,还可借此进行创新。一般把这些可迁移的知识称为元知识(meta-knowledge)。本书所提供的重新架构信息时代的学习策略,以及从底层上理解模型、强化决策的心智等思维、方法,便是元知识。

10.3　我们该如何与平凡的生活对弈？

在这本书的最后，我想讨论一个问题：如何与平凡的生活对弈？或者说，平凡的人生还值得过下去吗？

我曾被这个问题困扰许久。作为一个和其他人没有什么不同的分母，多我一个或少我一个，又有何不同？有一天，我突然就顿悟了：人生并没有天然的意义，因此我们才能按照自己的意愿赋予生活意义。什么形式的生活会让你热爱和沉迷，你就把生活过成什么样子。

柏拉图有一个著名的隐喻。在一个洞穴里，住着被终身关押的囚犯，他们面对墙壁，大腿和脖子都被锁链绑住，不能转身，因此看不到真实的世界。这些囚犯会把墙上的影子视为真实的世界。他们从这些影子中研发了一套学问，归纳了一些规律，从而形成自己的生存哲学。有一天，当有机会走出洞穴，他们可能会因为强光的刺激而感到痛苦。更严重的是，他们会固执地认为原来的影子世界才是真实的。

显然，每个人都有可能处于自己的洞穴中，视野和思想被困于眼前狭窄的环境里，并且最悲哀的是，他们从不知道这个真相。

　　我写这本书，只有一个目的：希望讨论出一个能够让底层认知持续迭代的方法，让人们不断地挣脱束缚，向洞穴外探索，看到更大的世界。如果将这本书压缩成一句话，我希望跟你共享一种精神：勇于突破自我，持续更新认知，不放弃对洞穴外更大世界的探索。这种精神才是我们最有价值的资本。

　　在《有限与无限的游戏》一书中，美国哲学家詹姆斯·卡斯（James P. Carse）分析了两种游戏：有限游戏和无限游戏。我们玩的大量游戏都是有限的，比如象棋。这些游戏存在一定规则，输赢由规则来确定。另外一种游戏，输赢的标准就是能否将游戏维持下去，比如婚姻。这些游戏在延续的过程中就会产生无数种可能性和结局。大部分没有思考过人生的人，玩的都是一场场有限的游戏。在这种情况下，人们很容易成为财富的奴隶。如果能以一种无限游戏的态度来看待财富，那么这个世界就会呈现出一种完全不一样的图景，而我们也将获得全新的启示。

　　对你而言，究竟什么才算真正的财富？什么才是自己获取财富的核心资本？什么地方存在获得财富的绝佳机会？